云计算与大数据实验教材系列

MongoDB
设计与应用实践

主编　段鹏飞　熊盛武　袁景凌
编委　段鹏飞　熊盛武　袁景凌　程　浩

武汉大学出版社
WUHAN UNIVERSITY PRESS

图书在版编目(CIP)数据

MongoDB 设计与应用实践/段鹏飞,熊盛武,袁景凌主编.—武汉:武汉大学出版社,2017.4(2022.6重印)
云计算与大数据实验教材系列
ISBN 978-7-307-12841-5

Ⅰ.M… Ⅱ.①段… ②熊… ③袁… Ⅲ.关系数据库系统—教材 Ⅳ.TP311.138

中国版本图书馆 CIP 数据核字(2017)第 025313 号

责任编辑:叶玲利　　　责任校对:汪欣怡　　　版式设计:马　佳

出版发行:武汉大学出版社　(430072　武昌　珞珈山)
(电子邮箱:cbs22@whu.edu.cn　网址:www.wdp.com.cn)
印刷:武汉中科兴业印务有限公司
开本:787×1092　1/16　印张:14　字数:333 千字　插页:1
版次:2017 年 4 月第 1 版　2022 年 6 月第 3 次印刷
ISBN 978-7-307-12841-5　定价:35.00 元

版权所有,不得翻印;凡购我社的图书,如有质量问题,请与当地图书销售部门联系调换。

前　言

伴随着移动互联网和物联网的发展，移动终端和传感设备的使用量也急剧增加。大量的终端产生了海量的数据。这些数据体量大、种类繁多，既有结构化数据又有文档、图片、语音等非结构化数据。在数据查询和分析的过程中，要求能够高速有效地对数据进行处理，因此对数据的查询和存储提出了更高的要求，如何提高海量数据的查询性能成为当前数据库领域迫切需要解决的问题。

在数据查询与存储方面，以 MongoDB 为代表的非关系数据库(nosql)取得了巨大的发展。与传统的关系型数据库不同，MongoDB 是一种面向文档的数据库。不同于其他非关系型数据库的数据结构单一、功能有限等短板，MongoDB 是一个基于分布式文件存储的数据库，由 C++ 语言编写，在支持高性能和扩展性的同时，提供了丰富的数据表达和索引，是一个介于关系数据库和非关系数据库之间的产品，是非关系数据库当中功能最丰富，最像关系数据库的，支持的查询语言非常丰富。

本书注重理论实践，深入剖析 MongoDB 存储原理与应用，提炼经典案例，深刻把握大数据应用开发技巧。为了辅助读者更好地进行理解，本书案例丰富，使用完整的例子与代码注释，使读者可以直接上手操作。本书从学习与实践者的视角出发，本着通俗精简、注重实践、突出精髓的原则，精准剖析了 MongoDB 的诸多概念和要点。全书共分 3 个部分，从学习与实践者的视角出发，分别从基础知识、MongoDB 高级特性、MongoDB 开发实战几个维度详细地介绍了 MongoDB 的特点及应用实例。本书包括以下内容：MongoDB 基础知识，数据创建与更新，查询与索引，副本集维护，数据分片以及开发实战一个完整的图书馆管理平台实例等。

本书适合有海量数据存储需求的人员、数据库管理开发人员、数据挖掘与分析人员以及各类基于数据库的应用开发人员。读者将从书中获得诸多实用的知识和开发技巧。

目 录

1 MongoDB 简介 ... 1
1.1 MongoDB 概述 ... 1
1.1.1 丰富的数据模型 ... 1
1.1.2 易于扩展 ... 1
1.1.3 丰富的功能 ... 2
1.1.4 性能优越 ... 2
1.1.5 便于管理 ... 2
1.2 文档 ... 3
1.3 集合 ... 3
1.3.1 动态模式 ... 4
1.3.2 命名 ... 4
1.4 数据库 ... 5
1.5 MongoDB 安装和配置 ... 6
1.6 MongoDB shell 简介 ... 9
1.6.1 shell 命令 ... 10
1.6.2 MongoDB 客户端 ... 10
1.6.3 shell 中的基本操作 ... 11
1.6.4 使用 shell 的窍门 ... 13
1.7 数据类型 ... 16
1.7.1 基本数据类型 ... 16
1.7.2 日期 ... 18
1.7.3 数组 ... 18
1.7.4 内嵌文档 ... 19
1.7.5 _id 和 ObjectId ... 19

2 数据创建、更新及删除 ... 22
2.1 插入并保存文档 ... 22
2.1.1 批量插入 ... 22
2.1.2 插入校验 ... 23
2.2 删除文档 ... 23
2.3 更新文档 ... 24

目录

    2.3.1　文档替换 ··· 24
    2.3.2　使用修改器 ··· 25
    2.3.3　upsert ·· 41
    2.3.4　更新多个文档 ·· 44
    2.3.5　返回已更新的文档 ····································· 44
  2.4　写入安全机制 ··· 47

3　查询 ··· 49
  3.1　查询简介 ·· 49
    3.1.1　指定需要返回的键 ····································· 50
    3.1.2　限制条件 ··· 50
  3.2　查询条件 ·· 50
    3.2.1　查询条件 ··· 50
    3.2.2　OR 查询 ··· 51
    3.2.3　$ not ·· 52
    3.2.4　条件语义 ··· 52
  3.3　特定类型的查询 ··· 52
    3.3.1　null ··· 53
    3.3.2　正则表达式 ··· 53
    3.3.3　查询数组 ··· 53
    3.3.4　查询内嵌文档 ·· 59
  3.4　$ where 查询 ·· 61
  3.5　游标 ··· 62
    3.5.1　limit、skip 和 sort ······································ 63
    3.5.2　避免使用 skip 略过大量结果 ······················ 65
    3.5.3　高级查询选项 ·· 67
    3.5.4　获取一致结果 ·· 68
    3.5.5　游标生命周期 ·· 69
  3.6　数据库命令 ·· 70

4　索引 ··· 72
  4.1　索引简介 ·· 72
    4.1.1　复合索引简介 ·· 78
    4.1.2　使用复合索引 ·· 84
    4.1.3　$ 操作符如何使用索引 ································ 86
  4.2　使用 explain 和 hint ··· 91
  4.3　什么时候不应该使用索引 ······································ 91
  4.4　索引类型 ·· 92

  4.4.1 唯一索引 ··· 92
  4.4.2 稀疏索引 ··· 94
 4.5 索引管理 ·· 95
  4.5.1 标识索引 ··· 96
  4.5.2 修改索引 ··· 97

5 聚合 ·· 98
 5.1 聚合框架 ·· 98
 5.2 管道操作符 ·· 100
  5.2.1 $ match ··· 100
  5.2.2 $ project ·· 100
  5.2.3 $ group ··· 105
  5.2.4 $ unwind ··· 108
  5.2.5 $ sort ·· 109
  5.2.6 $ limit ·· 110
  5.2.7 $ skip ··· 110
  5.2.8 使用管道 ··· 110
 5.3 MapReduce ·· 110
  5.3.1 找出集合中的所有键 ··· 111
  5.3.2 网页分类 ··· 113
  5.3.3 MongoDB 和 MapReduce ··· 114
 5.4 聚合命令 ·· 116
  5.4.1 count ··· 116
  5.4.2 distinct ··· 117
  5.4.3 group ··· 118

6 创建副本集 ·· 125
 6.1 复制简介 ·· 125
 6.2 配置副本集 ·· 126
  6.2.1 rs 辅助函数 ·· 128
  6.2.2 网络注意事项 ··· 128
 6.3 修改副本集配置 ·· 128
 6.4 设计副本集 ·· 131
 6.5 同步 ·· 135
  6.5.1 初始化同步 ·· 135
  6.5.2 处理陈旧数据 ··· 138
 6.6 心跳 ·· 138
 6.7 选举 ·· 139

6.8 回滚 ·· 140

7 分片 ·· 144
7.1 分片简介 ·· 144
7.2 理解集群的组件 ·· 144
7.3 快速建立一个简单的集群 ·· 146
7.4 何时分片 ·· 155
7.5 启动服务器 ·· 156
7.5.1 配置服务器 ··· 156
7.5.2 mongos 进程 ·· 157
7.5.3 增加集群容量 ··· 157
7.5.4 数据分片 ··· 159
7.6 如何追踪集群数据 ·· 162
7.6.1 块范围 ··· 162
7.6.2 拆分块 ··· 164
7.7 均衡器 ·· 168

8 实战图书馆管理——Java 桌面客户端 ···································· 169
8.1 项目需求 ·· 169
8.2 系统设计 ·· 169
8.2.1 应用结构设计 ··· 170
8.2.2 MongoDB 数据库——表设计 ·· 170
8.3 系统开发 ·· 170
8.3.1 新建 Java 项目 ·· 170
8.3.2 导入 mongodb-java 驱动 ·· 172
8.3.3 数据模型设计 ··· 177
8.3.4 控制器设计 ··· 179
8.3.5 界面设计 ··· 184

9 实战图书馆管理——Web 开发 ·· 205
9.1 项目需求 ·· 205
9.2 系统设计 ·· 205
9.2.1 应用结构设计 ··· 205
9.2.2 数据库——表设计 ··· 206
9.3 系统开发 ·· 206
9.3.1 新建 java-web 项目 ·· 206
9.3.2 导入 mongodb-java 驱动 ·· 208
9.3.3 数据模型设计 ··· 208

9.3.4 控制器设计 …………………………………………………………… 208
9.3.5 界面设计 ……………………………………………………………… 210

参考文献 ……………………………………………………………………… 216

1 MongoDB 简介

1.1 MongoDB 概述

MongoDB 是一个介于关系数据库和非关系数据库之间的产品，是非关系数据库当中功能最丰富、最像关系数据库的。MongoDB 支持的数据结构非常松散，是类似 json 的 bson 格式，因此可以存储比较复杂的数据类型。MongoDB 最大的特点在于它支持的查询语言非常强大，其语法有点类似于面向对象的查询语言，几乎可以实现类似关系数据库单表查询的绝大部分功能，而且还支持对数据建立索引。MongoDB 的优点主要包括以下几个方面。

1.1.1 丰富的数据模型

MongoDB 是面向文档的数据库，不是关系型数据库。放弃关系模型的主要原因除了为了获得更加方便的扩展性，当然还有其他好处。其基本的思路就是将原来"行"（row）的概念换成更加灵活的"文档"（document）模型。面向文档的方式可以将文档或者数组内嵌进来，所以用一条记录就可以表示非常复杂的层次关系。

MongoDB 没有模式：文档的键不会事先定义，也不会固定不变。由于没有模式需要更改，所以通常不需要迁移大量数据。不必将所有数据都放到一个模子里面，应用层可以处理新增或者丢失的键。这样开发者可以非常容易地变更数据模型。

1.1.2 易于扩展

当前应用数据集的量级急剧增加。传感器技术的发展、带宽的增加以及可连接到互联网的手持设备的普及使得网络应用服务面临巨大的存储需求，传统的数据库难以应付。T 级别的数据原来是人们闻所未闻的，现在人们已经司空见惯了。

由于开发者要存储的数据不断增长，他们面临一个非常困难的选择：该如何扩展他们的数据库？升级（买台更好的机器）还是扩展（将数据分散到很多机器上）？升级通常是最省力气的做法，但是问题也显而易见：大型机一般非常昂贵，最后达到了物理极限的话花多少钱都买不到更好的机器。对于大多数 Web 应用来说，这样做既不现实也不划算。而扩展则不同，不但经济而且还能够持续添加：想要增加存储空间或者提升性能，只需要将一台普通的服务器加入集群就行了。

MongoDB 在最初设计的时候就考虑到了扩展的问题。它所采用的面向文档的数据模型使其可以自动在多台服务器之间分割数据。它还可以平衡集群的数据和负载，自动重排文档。这样开发者就可以专注于应用程序的编写，而不用考虑如何扩展。如果面临更大的容量需求，只需在集群中添加新机器，然后让数据库来自动处理剩下的事就行了。

1.1.3 丰富的功能

不同的数据库或数据解决方案具有不同的功能，但 MongoDB 拥有一些真正独特的、好用的功能或工具，这些是其他方案所不具备或不完全具备的。

1) 索引

支持通用辅助索引，能进行多种快速查询，也提供唯一的、复合的地理空间索引能力。

2) 存储 JavaScript

开发人员不必使用存储过程，可以直接在服务端存取 JavaScript 的函数和值。

3) 聚合

MongoDB 支持 MapReduce 和其他聚合工具。

4) 固定集合

集合的大小是有上限的，这对某些类型的数据(比如日志)特别有用。

5) 文件存储

MongoDB 支持用一种容易使用的协议存储大型文件和文件的元数据。

有些关系型数据库的常见功能 MongoDB 并不具备，比如连接(join)和复杂的并行事务。这个架构上的考虑是为了提高扩展性，因为这两个功能实在很难在一个分布式系统中实现。

1.1.4 性能优越

卓越的性能是 MongoDB 追求的主要目标，也极大地影响了设计上的很多决定。MongoDB 使用 MongoDB 传输协议作为与服务器交互的主要方式(其他与之对应的协议需要更多的开销，如 HTTP/REST)。它对文档进行动态填充，预分配数据文件，用空间换取性能的稳定。默认的存储引擎中使用了内存映射文件，将内存管理工作交给操作系统去处理。动态查询优化器会"记住"执行查询最高效的方式。总之，MongoDB 在各个方面都充分考虑了性能。

虽然 MongoDB 功能强大，尽量保持关系型数据库的众多特性，但是它并不具备所有关系型数据库的功能。它尽可能地将服务器端处理逻辑交给客户端进行(由驱动程序或者用户的应用程序处理)。这样精简的设计使得 MongoDB 获得了非常好的性能。

1.1.5 便于管理

MongoDB 尽量让服务器自治来简化数据库的管理。除了启动数据库服务器之外，几乎没有什么必要的管理操作。如果主服务器出现问题，MongoDB 会自动切换到备份服务器上，并且将备份服务器提升为活跃服务器。在分布式环境下，集群只需要知道有新增加的节点，就会自动集成和配置新节点。

MongoDB 的管理理念就是尽可能地让服务器自动配置，让用户能在需要的时候调整设置(但是不强制)。

在本书中,我们还会花些篇幅介绍一下在开发 MongoDB 的过程中开发者做出一些决定的原因和动机,希望通过这种方式来阐释 MongoDB 的理念。毕竟,MongoDB 的愿景是对自身最好的诠释——建立一种灵活、高效、易于扩展、功能完备的数据库。

1.2 文档

文档是 MongoDB 的核心概念。多个键及其关联的值有序地放置在一起便是文档。每种编程语言表示文档的方法不太一样,但大多数编程语言有相通的一种数据结构,比如映射(map)、散列(hash)或字典(dictionary)。例如,在 JavaScript 里面,文档表示为对象:

{"greeting":"Hello, world!"}

这个文档只有一个键"**greeting**",其对应的值为"**Hello,world!**"。绝大多数情况下,文档会比这个简单的例子复杂得多,经常会包含多个键/值对:

{"greeting":"Hello, world!", "foo": 3}

这个例子很好地解释了几个十分重要的概念。

1) 文档中的键/值对是有序的,上面的文档和下面的文档是完全不同的。

{"foo": 3, "greeting":"Hello, world!"}

2) 文档中的值不仅可以是在双引号里面的字符串,还可以是其他几种数据类型(甚至可以是整个嵌入的文档,详见第 1.7.4 节)。在前面这个例子中"**greeting**"的值是个字符串,而"**foo**"的值是个整数。

文档的键是字符串。除了少数例外情况,键可以使用任意 UTF8 字符。

3) 键不能含有 \ 0(空字符)。这个字符用来表示键的结尾。

4) . 和 $ 有特别的意义,只有在特定环境下才能使用,在后面的章节中会详细说明。通常来说就是被保留了,使用不当的话,驱动程序会提示异常。

5) 以下画线"_"开头的键是保留的,虽然这个并不是严格要求的。

MongoDB 不但区分类型,也区分大小写。例如,下面的两个文档是不同的:

{"foo": 3}

{"foo": "3"}

以下的文档也是不同的:

{"foo": 3}

{"Foo": 3}

还有一个非常重要的事项需要注意,MongoDB 的文档不能有重复的键。例如,下面的文档是非法的:

{"greeting":"Hello, world!","greeting":"Hello, MongoDB!"}

1.3 集合

集合就是一组文档。如果将 MongoDB 中的一个文档比喻为关系型数据库中的一行,那么一个集合就相当于一张表。

1.3.1 动态模式

集合是动态模式的。这意味着一个集合里面的文档可以是各式各样的。例如，下面两个文档可以存在于同一个集合里面：

{"greeting":"Hello，world!"}

{"foo"：5}

注意，上面的文档不仅是值的类型不同(字符串和整数)，它们的键也是完全不一样的。因为集合里面可以放置任何文档，随之而来的一个问题是："还有必要使用多个集合吗?"要是没必要对各种文档划分模式，那么为什么还要使用多个集合呢？下面是这样做的一些理由：

a) 把各种各样的文档都混在一个集合里面，无论对于开发者还是管理员来说都是噩梦。开发者要么确保每次查询只返回需要的文档种类，要么让执行查询的应用程序来处理所有不同类型的文档。如果查询博客文章还要剔除那些含有作者数据的文档，就很令人恼火。

b) 在一个集合里面查询特定类型的文档在速度上也很不划算，分开做多个集合要快得多。例如，集合里面有个标注类型的键，现在查询其值为"skim"、"whole"或"chunky-monkey"的文档，就会非常慢。如果按照名字分割成三个集合的话，每次只需要查询相应的集合，速度就会快很多。

c) 把同种类型的文档放在一个集合里，这样数据会更加集中。从只含有博客文章的集合里面查询几篇文章，会比从含有文章和作者数据的集合里面查出几篇文章少消耗磁盘寻道操作。

d) 当创建索引的时候，文档会有附加的结构(尤其是有唯一索引的时候)。索引是按照集合来定义的。把同种类型的文档放入同一个集合里面，可以使索引更加有效。

上面这些重要的原因促使我们创建一个模式，把相关类型的文档组织在一起，尽管MongoDB对此并没有强制性要求。

1.3.2 命名

我们可以通过名字来标识集合，集合名可以是满足下列条件的任意UTF-8字符串。

1) 集合名不能是空字符串""。

2) 集合名不能含有\0字符(空字符)，这个字符表示集合名的结尾。

3) 集合名不能以"system."开头，这是为系统集合保留的前缀。例如system.user这个集合保存着数据库的用户信息，system.namespaces集合保存着所有数据库集合的信息。

4) 用户创建的集合名字不能含有保留字符$。有些驱动程序的确支持在集合名里面包含$，这是因为某些系统生成的集合中包含该字符。除非你要访问这种系统创建的集合，否则千万不要在名字里出现$。

组织集合的一种惯例是使用"."字符分开的按命名空间划分的子集合。例如，一个带有博客功能的应用可能包含两个集合，分别是blog.posts和blog.authors。这样做的目的只是为了使组织结构更好些,也就是说 blog 这个集合(这里根本就不需要存在)及其子集合没有任何关系。

虽然子集合没有特别的地方,但还是很有用,很多 MongoDB 工具中包含子集合。

1) GridFS 是一种存储大文件的协议,使用子集合来存储文件的元数据。

2) 绝大多数驱动程序提供语法库,为访问指定集合的子集合提供方便。例如,在数据库 shell 里面,db. blog 代表 blog 集合,db. blog. posts 代表 blog. posts 集合。

在 MongoDB 中,使用子集合来组织数据非常高效,值得推荐。

1.4 数据库

MongoDB 中多个文档组成集合,同样多个集合可以组成数据库。一个 MongoDB 实例可以承载多个数据库,它们之间可视为完全独立。每个数据库都有独立的权限控制,即便是在磁盘上,不同的数据库也被放置在不同的文件中。建议将一个应用的所有数据都存储在同一个数据库中,要想在同一个 MongoDB 服务器上存放多个应用或者用户的数据,建议使用不同的数据库。

和集合一样,数据库也通过名字来标识。数据库名可以是满足以下条件的任意 UTF8 字符串。

1) 不能是空字符串(" ")。

2) 不得含有/、\、.、"、*、<、>、:、|、?、$(一个空格)、\0(空字符)。基本上,只能使用 ASCII 中的字母和数字。

3) 数据库名区分大小写,即便是在不区分大小写的文件系统中也是如此。为简单起见,数据库名应全部小写。

4) 数据库名最多为 64 字节。

要记住一点,数据库最终会变成文件系统里的文件,而数据库名就是相应的文件名,这是数据库名有如此多限制的原因。

有一些数据库名是保留的,可以直接访问这些有特殊作用的数据库。这些数据库如下所示。

1) admin

从权限的角度来看,这是"root"数据库。如果将一个用户添加到这个数据库中,这个用户会自动继承所有数据库的权限。一些特定的服务器端命令也只能从这个数据库运行,比如列出所有的数据库或者关闭服务器。

2) local

这个数据永远不会被复制,可以用来存储限于本地单台服务器的任意集合(关于复制和本地数据库详见第 6 章)。

3) config

当 MongoDB 用于分片设置时(参见第 7 章),config 数据库在内部使用,用于保存分片的相关信息。

把数据库的名字放到集合名前面,得到就是集合的完全限定名,称为命名空间。例如，如果在 cms 数据库中使用 blog.posts 集合，那么这个集合的命名空间就是 cms.blog.posts。命名空间的长度不得超过 121 字节，在实际使用当中应该小于 100 字节。

1.5 MongoDB 安装和配置

1）从 MongoDB 官网（https：//www.mongodb.org/）下载适合本系统的安装文件，见图 1.1。

图 1.1 MongoDB 下载界面

【注】目前 MongoDB 目前只提供 64 位的 Linux 安装程序，所以 32 位系统上不能使用。

由于文件较大，已提前将安装包下载至本地，可以打开桌面的终端，在其中输入 `ls` 命令查看，见图 1.2。

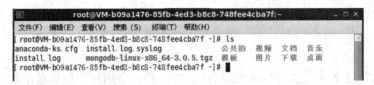

图 1.2 查看文件位置

2）在打开的终端中，输入 `tar -zxvf mongodb-linux-x86_64-3.0.5.tgz` 命令，解压缩安装包，见图 1.3。

3）在终端中输入 `mv mongodb-linux-x86_64-3.0.5 mongodb` 命令，将解压后的文件夹重命名为 mongodb，见图 1.4。

4）在终端中输入 `pwd` 命令，查看当前文件夹的绝对路径，在终端中输入 `vi ~/.bashrc` 命令，打开编辑器设置 mongodb 的路径变量，在编辑器中输入 i 打开编辑模式，在文档最后输入 `export PATH=<mongodb-install-directory>/bin：$PATH`，其中 <mon-

```
[root@VM-b09a1476-85fb-4ed3-b8c8-748fee4cba7f ~]# ls
anaconda-ks.cfg  install.log.syslog                    公共的  视频  文档  音乐
install.log      mongodb-linux-x86_64-3.0.5.tgz        模板    图片  下载  桌面
[root@VM-b09a1476-85fb-4ed3-b8c8-748fee4cba7f ~]# tar -zxvf mongodb-linux-x86_64-3.0.5.tg
z
mongodb-linux-x86_64-3.0.5/README
mongodb-linux-x86_64-3.0.5/THIRD-PARTY-NOTICES
mongodb-linux-x86_64-3.0.5/GNU-AGPL-3.0
mongodb-linux-x86_64-3.0.5/bin/mongodump
mongodb-linux-x86_64-3.0.5/bin/mongorestore
mongodb-linux-x86_64-3.0.5/bin/mongoexport
mongodb-linux-x86_64-3.0.5/bin/mongoimport
mongodb-linux-x86_64-3.0.5/bin/mongostat
mongodb-linux-x86_64-3.0.5/bin/mongotop
mongodb-linux-x86_64-3.0.5/bin/bsondump
mongodb-linux-x86_64-3.0.5/bin/mongofiles
mongodb-linux-x86_64-3.0.5/bin/mongooplog
mongodb-linux-x86_64-3.0.5/bin/mongoperf
mongodb-linux-x86_64-3.0.5/bin/mongod
mongodb-linux-x86_64-3.0.5/bin/mongos
mongodb-linux-x86_64-3.0.5/bin/mongo
[root@VM-b09a1476-85fb-4ed3-b8c8-748fee4cba7f ~]#
```

图 1.3　解压文件

```
[root@VM-b09a1476-85fb-4ed3-b8c8-748fee4cba7f ~]# mv mongodb-linux-x86_64-3.0.5 mongodb
[root@VM-b09a1476-85fb-4ed3-b8c8-748fee4cba7f ~]# ls
anaconda-ks.cfg     mongodb                           模板  文档  桌面
install.log         mongodb-linux-x86_64-3.0.5.tgz    视频  下载
install.log.syslog  公共的                            图片  音乐
[root@VM-b09a1476-85fb-4ed3-b8c8-748fee4cba7f ~]#
```

图 1.4　重命名文件夹

godb-install-directory>替换成 mongodb 文件夹的路径。mongodb 文件夹的路径即上面的/root，见图 1.5 和图 1.6。

```
root@VM-b09a1476-85fb-4ed3-b8c8-748fee4cba7f:~
文件(F)  编辑(E)  查看(V)  搜索(S)  终端(T)  帮助(H)
# .bashrc

# User specific aliases and functions

alias rm='rm -i'
alias cp='cp -i'
alias mv='mv -i'

# Source global definitions
if [ -f /etc/bashrc ]; then
        . /etc/bashrc
fi

~
~
~
~
~
~
~
~
~
~
~
-- INSERT --
```

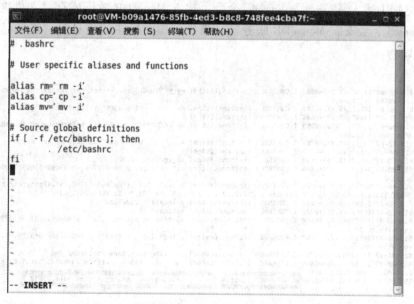

图 1.5　修改系统 PATH 信息

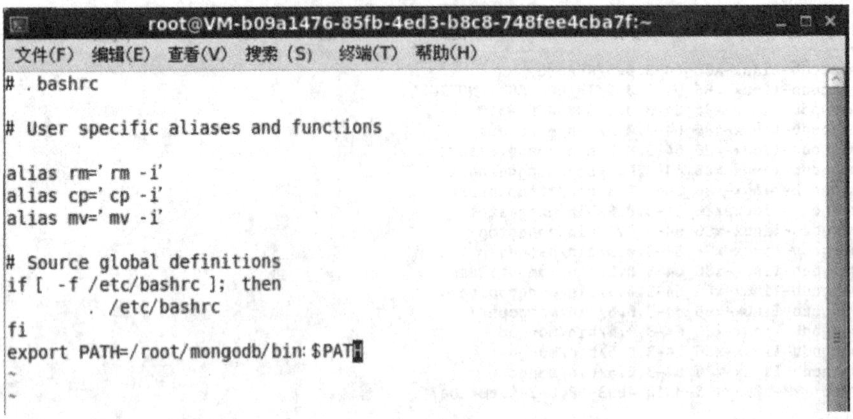

1 MongoDB 简介

图 1.6 添加系统 PATH 信息

5）将上面的<mongodb-install-directory>替换成 mongodb 文件夹的路径/root/mongodb，按 Esc 退出编辑，输入：wq 并回车，退出编辑器，并在终端里输入 source ~/.bashrc，见图 1.7。

图 1.7 执行 PATH 配置生效命令

6）在终端中输入 mkdir -p /data/db 命令，建立 MongoDB 数据库存放文件夹。在终端中输入 mongod，会安装 MongoDB 服务器，当显示如图标注的信息时，表示已经完成安装，见图 1.8。

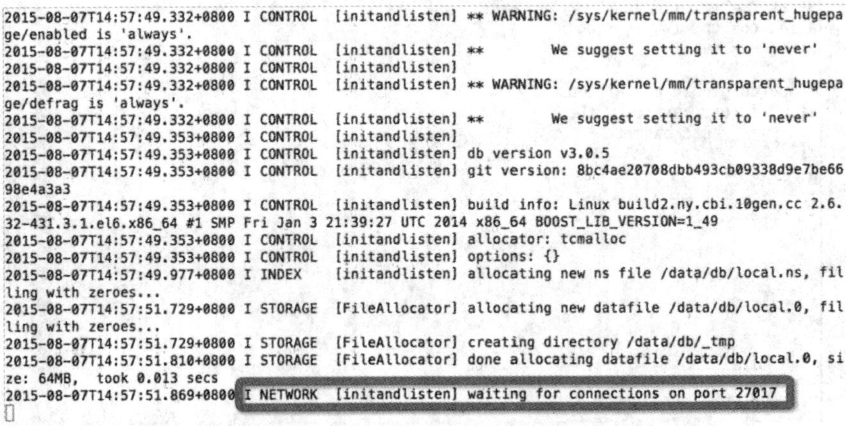

图 1.8 MongoDB 安装过程

1.6 MongoDB shell 简介

7) 此时不要关闭该终端，再重新打开一个终端，在终端中输入 mongo，打开 MongoDB 客户端(可以在服务端看到有新的连接，在客户端可以看到 mongoDB 数据库信息)，见图 1.9。

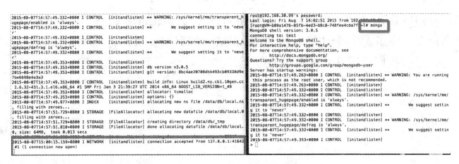

图 1.9 MongoDB 服务器端和客户端

8) 在 MongoDB 客户端中输入 show dbs，可以查看当前的 databases，见图 1.10。

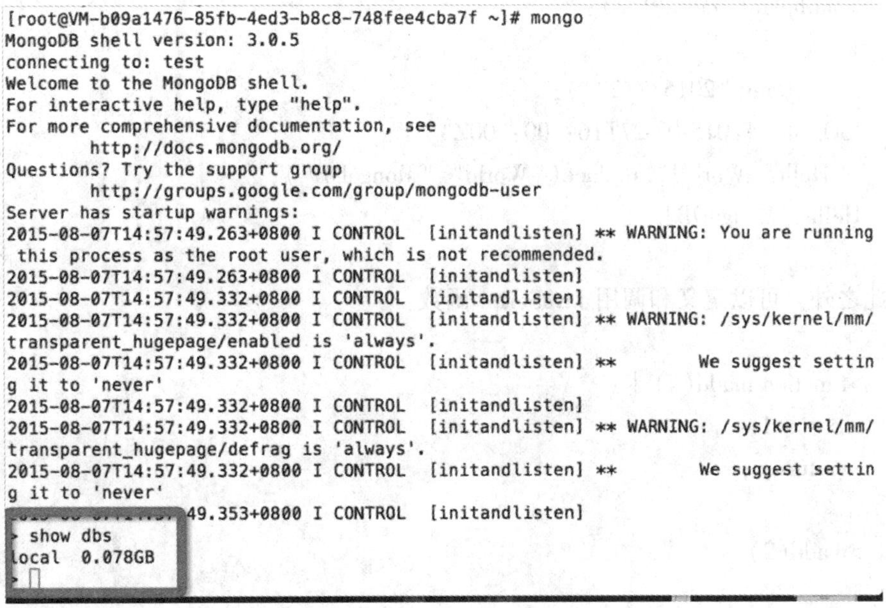

图 1.10 MongoDB 命令试用

1.6 MongoDB shell 简介

【注】本节开始首先打开 MongoDB 服务器，即首先在终端中输入 mongod，之后不要关闭该终端，再重新打开一个终端，在终端中输入 mongo，打开 MongoDB 客户端。

MongoDB 自带一个 JavaScript shell，可以从命令行与 MongoDB 实例交互。这个 shell 非

常有用,通过它可以执行管理操作、检查运行实例,亦或做其他尝试。这个 mongoshell 对于使用 MongoDB 来说是至关重要的工具,本书后面章节也会经常使用这个工具。

1.6.1 shell 命令

运行 mongo 启动 shell,启动时,shell 将自动连接 MongoDB 服务器,必须确保 mongod 服务器已启动。shell 是一个功能完备的 JavaScript 解释器,可运行任意的 JavaScript 程序。为说明这一点,我们运行几个简单的数学运算:

```
>x = 200
200
>x/5
40
```

另外,可充分利用 JavaScript 的标准库:

```
>Math.sin(Math.PI/2);
1
>new Date("2015/7/28");
ISODate("2015-07-27T16:00:00Z")
>"Hello,World!".replace("World","MongoDB");
Hello,MongoDB!
```

除此之外,可以定义和调用 JavaScript 函数:

```
>function madd(x) {
...x = x+1;
...return x;
...}
>madd(2)
3
```

需要注意,可使用多行命令。shell 会检测输入的 JavaScript 语句是否完整,如未写完可在下一行接着写。在某行连续三次按下回车键可取消未输入完成的命令,并退回到>提示符。

1.6.2 MongoDB 客户端

虽然能运行任意 JavaScript 程序很不错,但 shell 的真正威力还在于它是一个独立的 MongoDB 客户端。

启动时，shell 会连到 MongoDB 服务器的 test 数据库，并将这个数据库连接赋值给全局变量 db。这个变量是通过 shell 访问 MongoDB 的主要入口点。可以使用 db 命令查看当前指向的数据库：

> db
test

shell 还包含一些非 JavaScript 语法的扩展。这些扩展并不提供额外的功能，而是一些非常棒的语法。例如，最重要的操作之一为选择数据库：

> use demodb1
switched to db demodb1

现在，如果查看 db 变量，会发现其正指向 demodb1 数据库：

> db
demodb1

因为这是一个 JavaScript shell，所以键入一个变量会将此变量的值转换为字符串（即数据库名）打印出来。

通过 db 变量，可访问其中的集合。例如，通过 db.blog 可返回当前数据库的 blog 集合。因此可通过 shell 访问集合，这意味着，所有的数据库操作都可以通过 shell 完成。

1.6.3　shell 中的基本操作

在 shell 中查看或操作数据会用到四个基本操作：创建、读取、更新和删除（即 CRUD）。

1）创建

insert 函数可将一个文档添加到集合中。下面列举一个存储博客文章的例子。首先，创建一个名为 post 的局部变量。这是一个 JavaScript 对象，用于表示我们的文档。它会有几个键："title"、"content"、"date"。

> post = {title:"My First Blog",
... content:"Hello World!",
... date:new Date()}
{
"title" : "My First Blog",
"content" : "Hello World!",
"date" : ISODate("2015-07-28T09:01:46.650Z")
}

这个对象是个有效的 MongoDB 文档，所以可以用 insert 方法将其保存到 blog 集合中：

> db.blog.insert(post)
WriteResult({ "nInserted" : 1 })

这篇文章已被存到数据库中。要查看数据库中该集合的数据，可以使用 find 方法：

> db.blog.find()
{ "_id" : ObjectId("55b7450bbdade0bbb7fd1188"), "title" : "My First Blog", "content" : "Hello World!", "date" : ISODate("2015-07-28T09:01:46.650Z") }

可以看到，我们输入的键/值对都已被完整记录。此外，还有一个额外添加的键"_id"。"_id"会在第 1.7.5 节解释。

2）读取

find 和 findOne 方法可以用于查询集合里的文档。若只想查看一个文档，可用 findOne：

> db.blog.findOne()
{
"_id" : ObjectId("55b7450bbdade0bbb7fd1188"),
"title" : "My First Blog",
"content" : "Hello World!",
"date" : ISODate("2015-07-28T09:01:46.650Z")
}

find 和 findOne 可以接受一个限定条件来查询文档。这样就可以查询符合一定条件的文档。使用 find 时，shell 会自动显示最多 20 个匹配的文档，也可获取更多文档。第 3 章会详细介绍查询的相关内容。

3）更新

使用 update 修改博客文章。update 接收（至少）两个参数：第一个是限定条件（用于匹配待更新的文档），第二个是新的文档。

假设我们要为之前写的文章增加评论功能，就需要增加一个新的键，用于保存评论数组。首先，修改变量 post，增加"comments"键：

> post.comments = []
[ ]

然后执行 update 操作，用新版本的 post 文档替换标题为"My First Blog"的文章：

> db.blog.update({title:"My First Blog"}, post)
WriteResult({ "nMatched" : 1, "nUpserted" : 0, "nModified" : 1 })

现在，文档已经有了"comments"键。再用 findOne 查看一下，可以看到新的键：

> db.blog.findOne()
{
"_id" : ObjectId("55b7450bbdade0bbb7fd1188"),
"title" : "My First Blog",
"content" : "Hello World!",
"date" : ISODate("2015-07-28T09:01:46.650Z"),
"comments" : [ ]
}

4) 删除

使用 remove 方法可将文档从数据库中永久删除。如果没有使用任何参数，它会将集合内的所有文档全部删除。它可以接受一个作为限定条件的文档作为参数。例如，下面的命令会删除刚刚创建的文章：

> db.blog.remove({title:"My First Blog"})
WriteResult({ "nRemoved" : 1 })

现在，集合是空的了：

> db.blog.findOne()   null

最后，使用 exit; 退出 MongoDB。

1.6.4 使用 shell 的窍门

本节将介绍如何将 shell 作为命令行工具的一部分来使用，如何对 shell 进行定制以及 shell 的一些高级功能。

1) 连接 shell

在上面的例子中，我们只是连接到一个本地的 MongoDB 实例。事实上，可以使用 shell 连接到任何 MongoDB 实例（只要你的计算机与 MongoDB 实例所在的计算机能够连通，并且那台计算机的防火墙打开了服务端口）。在启动 shell 时指定机器名和端口，就可以连接到一台不同的机器或端口(因为有的服务器没有把 MongoDB 服务配置在默认端口)。

```
$ mongo localhost:27017/demodb1
MongoDB shell version:3.0.4
connecting to:localhost:27017/demodb1
>
```

db 现在就指向了 localhost:27017 上的 demodb1 数据库。

【注】localhost 指本地 ip,此处可替换为其他机器 ip 地址,但要保证其他机器的防火墙已开通 MongoDB 服务端口。

启动 mongo shell 时不连接到任何 MongoDB 服务有时很方便。

```
$ mongo --nodb
MongoDB shell version:3.0.4
>
```

启动之后,在需要时运行 new Mongo(hostname)命令就可以连接到想要的 MongoDB 服务器了:

```
> new Mongo("localhost:27017")
connection to localhost:27017
> conn = new Mongo("localhost:27017")
connection to localhost:27017
> db = conn.getDB("demodb1")
demodb1
```

2)查看帮助

对于 MongoDB 特有的功能,shell 内置了帮助文档,可以使用 help 命令查看:

```
> help
        db.help()                         help on db methods
        db.mycoll.help()                  help on collection methods
        sh.help()                         sharding helpers
        rs.help()                         replica set helpers
        help admin                        administrative help
        help connect                      connecting to a db help
        ...
```

可以通过 db.help() 查看数据级别的帮助：

    db.help()
    DB methods：
    db.adminCommand(nameOrDocument) - switches to 'admin' db, and runs command [just calls db.runCommand(…)]
    db.auth(username, password)
    db.cloneDatabase(fromhost)
    …

可以使用 db.blog.help() 查看集合级别的帮助：

    > db.blog.help()
    DBCollection help
    db.blog.find().help() - show DBCursor help
    db.blog.count()
    …

如果想知道一个函数的用途是做什么，可以在 shell 中输入函数名（不要在后面输入括号），这样就可以看到相应函数的 JavaScript 实现代码。例如想知道 update 函数的工作原理，或者记不清参数的顺序，就可以像下面这样做：

    > db.blog.update
    function (query , obj , upsert , multi) {
    var parsed = this._parseUpdate(query, obj, upsert, multi);
    var query = parsed.query;
    var obj = parsed.obj;
    var upsert = parsed.upsert;
    var multi = parsed.multi;
    …

3）定制 shell 提示

将 prompt 变量设为一个字符串或者函数，就可以重写默认的 shell 提示。

（1）例如，如果正在运行一个需要耗时几分钟的查询，你可能希望完成时在 shell 提示中输出当前时间，这样就可以知道最后一个操作的完成时间了。

    > prompt = function() {
    … return (new Date())+" > ";

1 MongoDB 简介

```
… }
function ( ) {
return ( new Date( ) )+">";
}
Tue Jul 28 2015 18：25：31 GMT+0800（CST）>
```

要回到 MongoDB 客户端初始时的进入状态，可以输入下面命令：

```
Tue Jul 28 2015 18：25：31 GMT+0800（CST）> prompt = function（）{}
function ( ) { }
>
```

(2) 另一个方便的提示是显示当前使用的数据库：

```
>prompt = function( ){
… if( typeof db = = 'undefined') {
… return '(nodb)>';
… }
… try {
… db.runCommand({getLastError：1});
… }
… catch(e){
… print(e);
… }
… return db+">";
… };
demodb1>
```

1.7 数据类型

1.7.1 基本数据类型

　　MongoDB 的文档类似于 JSON，在概念上和 JavaScript 中的对象相似。JSON 是一种简单的数据表示方式，其规范可用一段文字描述（参考 http://www.json.org），仅包含 6 种数据类型。这带来很多好处：易于理解、易于解析、易于记忆。但另外一方面，JSON 的表现力也有限制，因为只有 null、布尔、数字、字符串、数组和对象几种类型。
　　虽然这些类型的表现力已经足够强大，但是对于绝大多数应用来说还需要另外一些不可或缺的类型，尤其是与数据库打交道的那些应用。例如，JSON 没有日期类型，这会使得处理本来简单的日期问题变得非常繁琐。只有一种数字类型，没法区分浮点数和整数，更不能区分 32 位和 64 位数字。也没有办法表示其他常用类型，如正则表达式或函数。

MongoDB 在保留 JSON 基本的键/值对特性的基础上，添加了其他一些数据类型。在不同的编程语言下这些类型表示出不同的差异，下面列出了 MongoDB 通常支持的一些类型，同时说明了在 shell 中这些类型是如何表示为文档的一部分的。

1) null

用于表示空值或者不存在的字段。

{"x" : null}

2) 布尔

有两个值"true"和"false"：

{"x" : true}

3) 32 位整数

shell 中这个类型不可用。前面提到，JavaScript 仅支持 64 位浮点数，所以 32 位整数会被自动转换。

4) 64 位整数

shell 也不支持这个类型。shell 会使用一个特殊的内嵌文档来显示 64 位整数。

5) 64 位浮点数

shell 中的数字都是这种类型。下面是一个浮点数：

{"x" : 3.14}

下面这个也是浮点数：

{"x" : 3}

6) 字符串

UTF-8 字符串都可表示为字符串类型的数据：

{"x" : "foobar"}

7) 符号

shell 不支持这种类型。shell 将数据库里的符号类型转换成字符串。

8) 对象 id

是文档的 12 字节的唯一 ID。详见第 1.7.5 节：

{"x" : ObjectId()}

9) 日期

日期存储的是从标准纪元开始的毫秒数。不存储时区：

{"x" : newDate()}

10) 正则表达式

文档中可以包含正则表达式，采用 JavaScript 的正则表达式语法：

{"x" : /foobar/i}

11) 代码

文档中还可以包含 JavaScript 代码：

{"x": function(){/* …… */}}

12) 二进制数据

可以是由任意字节的串组成,但 shell 中无法使用。

13) 最大值

BSON 包括一个特殊类型,表示可能的最大值。shell 中没有这个类型。

14) 最小值

BSON 包括一个特殊类型,表示可能的最小值。shell 中没有这个类型。

15) 未定义

文档中也可以使用未定义类型(JavaScript 中 null 和 undefined 是不同的类):

{"x": undefined}

16) 数组

值的集合或者列表可以表示成数组:

{"x": ["a","b","c"]}

17) 内嵌文档

文档可以包含别的文档,也可以作为值嵌入到父文档中:

{"x": {"foo": "bar"}}

1.7.2 日期

在 JavaScript 中,Date 对象用做 MongoDB 的日期类型,创建一个新的 Date 对象时,通常会调用 newDate(…)而不只是 Date(…)。调用构造函数(也就是说不包括 new)实际上会返回对日期的字符串表示,而不是真正的 Date 对象。这不是 MongoDB 的特性,而是 JavaScript 本身的特性。如果不小心忘了使用 Date 构造函数,最后就会导致日期和字符串混淆。字符串和日期不能互相匹配,这会给删除、更新、查询等很多操作带来问题。

关于 JavaScript 中 Date 类的详细说明和可接受的构造函数的格式请参见 ECMA-Script 规范第 15.9 节(可在 http://www.ecmascript.org 下载)。

shell 中的日期显示时使用本地时区设置。但是,日期在数据中是以从标准纪元开始的毫秒数的形式存储的,没有与之相关的时区信息(当然可以把时区信息作为其他键的值存储)。

1.7.3 数组

数组是一组值,既可以作为有序对象(例如列表、栈或队列)来操作,也可以作为无序对象(例如集合)来操作。

在下面的文档中,"things"这个键的值就是一个数组:

{"things": ["a", 3.14]}

从这个例子可以看到,数组可以包含不同数据类型的元素(前面例子中是一个字符串和一个浮点数)。实际上,常规键/值对支持的值都可以作为数组的元素,甚至是套嵌数组。

文档中的数组有个奇妙的特性，就是MongoDB能"理解"其结构，并知道如何"深入"数组内部对其内容进行操作。这样就能用内容对数组进行查询和构建索引了。例如，之前的例子中，MongoDB可以查询所有"things"数组中含有3.14的文档。要是经常使用这个查询，可以对"things"创建索引，来提高性能。

MongoDB可以使用原子更新修改数组中的内容，比如深入数组内部将pie改为pi。

在本书后面章节中还会介绍更多这种操作的例子。

1.7.4 内嵌文档

内嵌文档就是把整个MongoDB文档作为另一个文档中键的一个值。这样数据可以组织得更自然些，不用存储为扁平结构的。

例如，用一个文档来表示一个人，同时还要保存他的地址，可以将地址内嵌到"address"文档中：

```
{
    "name":"John Doe",
    "address":{
        "street":"Huajing Nan Lu",
        "city":"Wuhu",
        "state":"AH"
    }
}
```

上面例子中"address"的值是另一个文档，这个文档有自己的"street"、"city"和"state"键值。

同数组一样，MongoDB能够"理解"内嵌文档的结构，并能"深入"其中构建索引、执行查询，或者更新。

我们会在后面深入讨论模式设计，但是从这个简单的例子也可以看出内嵌文档可以改变处理数据的方式。在关系型数据库中，前面的文档一般会被拆分成两个表（"people"和"address"）中的两个行。在MongoDB中，就可以将地址文档直接嵌入人员文档中。使用得当的话，内嵌文档会使信息表示得更加自然（通常也会更高效）。

这样做也有坏处，因为MongoDB会储存更多重复的数据，这样是反规范化的。如果在关系数据库中"address"在一个独立的表中，要修复地址中的拼写错误，当我们对"people"和"address"执行连接操作时，每一个使用这个地址的人的信息都会更新。但是在MongoDB中，则需要在每个人的文档中修正拼写错误。

1.7.5 _id 和 ObjectId

MongoDB中存储的文档必须有一个"id"键。这个键的值可以是任何类型的，默认是一个ObjectId对象。在一个集合里面，每个文档都有唯一的"id"值，来确保集合里面每个文档都能被唯一标识。如果有两个集合的话，两个集合可以都有一个值为 123 的"_id"键，但是每个集合里面只能有一个"_id"是 123 的文档。

1）ObjectId

ObjectId 是"_id"的默认类型。它设计成轻量型的，不同的机器都能用全局唯一的同种方法方便地生成它。这是 MongoDB 采用 ObjectId 而不是其他比较常规的做法（比如自动增加的主键）的主要原因，因为在多个服务器上同步自动增加主键值既费力又费时。MongoDB 从一开始就设计用来作为分布式数据库，处理多个节点是一个核心要求。后面会看到 ObjectId 类型在分片环境中更加容易生成。

ObjectId 使用 12 字节的存储空间，每个字节两位十六进制数字，是一个 24 位十六进制的字符串。由于看起来很长，不少人会觉得难以处理，关键在于要知道这个 ObjectId 是实际存储数据的两倍长。

如果快速连续创建多个 ObjectId，会发现每次只有最后几位数字有变化。另外，（要是在创建的过程中停顿几秒钟）中间的几位数字也会产生变化。这是 ObjectId 的创建方式导致的。12 字节按照如下方式生成：

表 1.1　　　　　　　　　　　　ObjectId 生成规则

0	1	2	3	4	5	6	7	8	9	10	11
时间戳				机器			PID		计数器		

前 4 个字节是从标纪元开始的时间戳，单位为秒。这会带来一些有用的属性。

（1）时间戳，与随后的 5 个字节组合起来，提供了秒级别的唯一性。

（2）由于时间戳在前，这意味着 ObjectId 大致会按照插入的顺序排列，这对于某些方面很有用，如将其作为索引提高效率。但是这个是没有保证的，仅仅是"大致"。

（3）这 4 个字节也隐含了文档创建的时间。绝大多数驱动会公开一个方法从 ObjectId 获取这个信息。

因为使用的是当前时间，很多用户担心要对服务器进行时间同步。其实没有这个必要，因为时间戳的实际值并不重要，只要其总是不停增加就行了（每秒一次）。

接下来的 3 字节是所在主机的唯一标识符。通常是机器主机名的散列值（hash）。这样就可以确保不同主机生成不同的 ObjectId，不产生冲突。

为了确保在同一台机器上并发的多个进程产生的 ObjectId 是唯一的。接下来的两字节来自产生 ObjectId 的进程标识符（PID）。

前 9 字节保证了同一秒钟不同机器不同进程产生的 ObjectId 是唯一的。后 3 字节就是一个自动增加的计数器，确保相同进程同一秒产生的 ObjectId 也是不一样的。同一秒钟最多允许每个进程拥有 256^3（16777216）个不同的 ObjectId。

2）自动生成_id

前面讲到，如果插入文档的时候没有"_id"键，系统会自动帮你创建一个。可以由 MongoDB 服务器来做这件事情，但通常会在客户端由驱动程序完成。理由如下：

虽然 ObjectId 设计成轻量型的，易于生成，但是毕竟生成的时候还是会产生开销。在客户端生成体现了 MongoDB 的设计理念：能从服务器端转移到驱动程序来做的事，就尽量转移。产生这种理念背后的原因：即便是像 MongoDB 这样的可扩展数据库，扩展应用层也要比扩展数据库层容易得多。将事务交由客户端来处理，就减轻了数据库扩展的负担。

2 数据创建、更新及删除

本章会介绍对数据库移入/移出数据的基本操作，具体包含如下操作：
(1) 向集合里添加新文档；
(2) 从集合里删除文档；
(3) 更新现有文档；
(4) 为这些操作选择合适的安全级别和速度。

2.1 插入并保存文档

插入是向 MongoDB 中添加数据的基本方法。可以使用 insert 方法向目标集合插入一个文档：

> db. blog. insert({name:"huangshuai"})

这个操作会给文档自动增加一个_id 键（要是没有指定的话），然后将其保存到 MongoDB 中。

2.1.1 批量插入

如果要向集合中插入多个文档，可以将一组文档传递给数据库，即 insert 中插入一个文档数组：

```
>db. blog. insert([{name:"A"}, {name:"B"}, {name:"C"}])
BulkWriteResult({
  "writeErrors" : [ ],
  "writeConcernErrors" : [ ],
  "nInserted" : 3,
  "nUpserted" : 0,    "nMatched" : 0,
  "nModified" : 0,    "nRemoved" : 0,
  "upserted" : [ ]
})
> db. blog. find()
{ "_id" : ObjectId("55b831998072caea6ad7e07b"), "name" : "A" }
```

{ "_id": ObjectId("55b831998072caea6ad7e07c"), "name" : "B" }
{ "_id": ObjectId("55b831998072caea6ad7e07d"), "name" : "C" }

当前版本的 MongoDB 能接受的最大消息长度是 48MB，即一次批量插入中能插入的文档是有限的。如果试图插入 48MB 以上的数据，多数驱动程序会将这个批量插入请求拆分为多个 48MB 的批量插入请求。具体可以查看所使用的驱动程序的相关文档。

如果在执行中有一个文档插入失败，那么在这个文档之前的所有文档都会成功插入到集合中，而这个文档以及之后的所有文档全部插入失败。

2.1.2　插入校验

插入数据时，MongoDB 只对数据进行最基本的检查：检查文档的基本结构，如果没有 _id 字段，就会自动增加一个。检查大小就是其中一项基本结构检查：所有文档都必须小于 16MB（这是设计者认定的，未来有可能会增加）。做这样的限制主要是为了防止不良的模式设计，并且保证性能一致。

由于 MongoDB 只进行最基本的检查，插入非法数据很容易。因此，应该只允许信任的源（如你的应用程序服务器）连接数据库。主流语言的所有驱动程序，都会在将数据插入到数据库之前做大量的数据校验（比如文档是否过大，文档是否包含非 UTF-8 字符串，是否使用不可识别的类型等）。

2.2　删除文档

删除数据库集合中数据的方法：

```
> db.blog.remove({})
WriteResult({ "nRemoved" : 3 })
> db.blog.findOne()
null
```

上述命令会删除 blog 集合中的所有文档，但不会删除集合本身，也不会删除集合的元信息。

remove 函数可以接收一个查询文档作为可选参数，只有符合该参数条件的文档才会被删除。例如，假设我们要删除 name："B"的文档：

```
> db.blog.remove({name:"B"})
WriteResult({ "nRemoved" : 1 })
```

删除数据是永久性的，不能撤销，也不能恢复。

删除文档通常很快，但是如果要清空整个集合，那么用 drop 直接清空集合会更快。

假如 blog 集合中有大量数据，使用 db.blog.drop() 代替 db.blog.remove({})，速度提升相当明显，但是这是有代价的：不能指定任何限定条件，整个集合都被删除，所有元数据也都将被删除。

2.3 更新文档

文档存入数据库以后，就可以使用 update 方法来更新它。update 有两个参数，一个是查询文档，用于定位需要更新的目标文档；另一个是修改器（modifier）文档，用于说明要对找到的文档进行哪些修改。

更新操作是不可分割的：若是两个更新同时发生，先到达服务器的先执行，接着执行另外一个。所以，两个同时进行的更新会迅速接连完成，此过程不会破坏文档。

2.3.1 文档替换

最简单的更新就是用一个新文档完全替换匹配的文档。这适用于进行大规模模式迁移的情况。例如，要对下面的用户文档做一个比较大的调整：

```
{
    "_id" : ObjectId("55b83ccc8072caea6ad7e081"),
    "name" : "joe",
    "friends" : 32,
    "enemies" : 2
}
```

此处需要创建用户文档：

```
> db.blog.insert({"name":"joe","friends":32,"enemies":2})
WriteResult({ "nInserted" : 1 })
```

我们希望将"friends"和"enemies"两个字段移动到"relationship"子文档中。可以在 shell 中改变文档的结构，然后使用 update 替换数据库中的当前文档：

```
> var joe = db.blog.findOne({"name":"joe"});
> joe.relationships = {"friends" : joe.friends,"enemies" : joe.enemies};
{ "friends" : 32, "enemies" : 2 }
> joe.username = joe.name;
joe
> delete joe.friends;
true
```

```
> delete joe.enemies;
true
> delete joe.name;
true
> db.blog.update({name:"joe"}, joe)
WriteResult({ "nMatched" : 1, "nUpserted" : 0, "nModified" : 1 })
```

现在，用 findOne 查看更新后的文档结构：

```
> db.blog.findOne({username:"joe"})
{
    "_id" : ObjectId("55b83ccc8072caea6ad7e081"),
    "relationship" : {
        "friends" : 32,
        "enemies" : 2
    },
    "username" : "joe"
}
```

一个常见的错误是查询条件匹配到了多个文档，然后更新时由于第二个参数的存在就产生重复的_id 值。数据库会抛出错误，任何文档都不会更新。

例如前面有多个 name 值是 joe 的文档，然后数据库会试着用变量 joe 来替换所有找到的文档，但是会发现集合里面已经有一个具有同样_id 的文档。所以更新会失败，因为_id 必须唯一。为了避免这种情况，更新时使用_id 这样唯一的文档来匹配。

```
> db.blog.update({_id:"55b83ccc8072caea6ad7e081"}, joe)
```

使用_id 作为查询条件速度较快，因为是通过_id 建立的索引。

2.3.2 使用修改器

通常文档只会有一部分要更新。可以使用原子性的更新修改器（update modifier），指定对文档中的某些字段进行更新。更新修改器是种特殊的键，用来指定复杂的更新操作，比如修改、增加或者删除键，还可能是操作数组或者内嵌文档。

假设要增加用户的年龄，可以使用修改器原子性地完成这个操作。

创建文档内容如下：

```
>db.user.insert({"name":"A","age":18})
> db.user.find()
{ "_id" : ObjectId("55b869d3c4705c217c32ffab"), "name" : "A", "age" : 18 }
```

2 数据创建、更新及删除

更新修改操作如下:

```
> db. user. update({"name":"A"}, {"$inc": {"age": 1}})
WriteResult({ "nMatched" : 1, "nUpserted" : 0, "nModified" : 1 })
> db. user. find()
{ "_id" : ObjectId("55b869d3c4705c217c32ffab"), "name" : "A", "age" : 19 }
```

使用修改器时,"_id"的值不能改变(注意:整个文档替换时可以改变"_id"),其他键值,包括其他唯一索引的键,都是可以更改的。

1) "set"修改器入门

"$set"用来指定一个字段的值,如果这个字段不存在,则创建它。这对更新模式或者增加用户定义的键来说非常方便。例如,用户资料存储在下面这样的文档里。

创建文档内容如下:

```
>db. user. insert({"name" : "huangshuai","age" : 20, "sex" : "male"})
> db. user. findOne({"name":"huangshuai"})
{
 "_id" : ObjectId("55b8aca2c4705c217c32ffac"),
 "name" : "huangshuai",
 "age" : 20,
 "sex" : "male"
}
```

要是想添加用户喜欢的东西进去,可以使用"$set":

```
> db. user. update({_id: ObjectId("55b8aca2c4705c217c32ffac")}, {$set: {favorite:"basketball"}})
WriteResult({ "nMatched" : 1, "nUpserted" : 0, "nModified" : 1 })
```

之后文档就有了"favorite"键:

```
> db. user. findOne({"name":"huangshuai"})
{
 "_id" : ObjectId("55b8aca2c4705c217c32ffac"),
 "name" : "huangshuai",
 "age" : 20,
 "sex" : "male",
 "favorite" : "basketball"
}
```

要是用户需要修改喜欢的东西:

```
> db.user.update({name:"huangshuai"},{$set:{favorite:"football"}})
WriteResult({"nMatched":1,"nUpserted":0,"nModified":1})
> db.user.findOne({"name":"huangshuai"})
{
    "_id": ObjectId("55b8aca2c4705c217c32ffac"),
    "name": "huangshuai",
    "age": 20,
    "sex": "male",
    "favorite": "football"
}
```

用 $set 甚至可以修改键的类型:

```
> db.user.update({name:"huangshuai"},{$set:{favorite:["football","basketball"]}})
WriteResult({"nMatched":1,"nUpserted":0,"nModified":1})
> db.user.findOne({"name":"huangshuai"})
{
    "_id": ObjectId("55b8aca2c4705c217c32ffac"),
    "name": "huangshuai",
    "age": 20,
    "sex": "male",
    "favorite": [
        "football",
        "basketball"
    ]
}
```

要是用户突然没有了爱好,可以用"$unset"将这个键完全删除:

```
> db.user.update({name:"huangshuai"},{$unset:{favorite:1}})
WriteResult({"nMatched":1,"nUpserted":0,"nModified":1})
> db.user.findOne()
{
    "_id": ObjectId("55b8aca2c4705c217c32ffac"),
    "name": "huangshuai",
```

2 数据创建、更新及删除

```
  "age" : 20,
  "sex" : "male"
}
```

也可以用 $set 修改内嵌文档。

创建文档内容如下:

```
>db.user.insert({"name":"huangshuai1","age":20,"sex":"male","favorite":
{"book":"aaa","sport":"basketball"}})
> db.user.findOne({"name":"huangshuai1"})
{
  "_id" : ObjectId("562f1fc4e1ee7722610cf710"),
  "name" : "huangshuai1",
  "age" : 20,
  "sex" : "male",
  "favorite" : {
    "book" : "aaa",
    "sport" : "basketball"
  }
}
```

修改内嵌文档如下:

```
> db.user.update({name:"huangshuai1"},{$set:{"favorite.sport":"football"}})
WriteResult({ "nMatched" : 1, "nUpserted" : 0, "nModified" : 1 })
> db.user.findOne({"name":"huangshuai1"})
{
  "_id" : ObjectId("562f1fc4e1ee7722610cf710"),
  "name" : "huangshuai1",
  "age" : 20,
  "sex" : "male",
  "favorite" : {
    "book" : "aaa",
    "sport" : "football"
  }
}
```

2）增加和减少

$inc 修改器用来增加已有键的值，或者该键不存在那就创建一个。对于更新分析数据、因果关系、投票或者其他有数值变化的地方，使用这个会非常方便。

假如建立了一个游戏集合，将游戏和变化的分数都存储在里面。比如用户玩弹球游戏，可以插入一个包含游戏名和玩家的文档来标示不同的游戏。

```
> db.games.insert({game:"pinball", user:"joe"})
```

要是小球撞到了砖块，就会给玩家加分。分数可以随便给，这里就把玩家得分基数约定成 50 分。使用 $inc 修改器给玩家加 50 分：

```
> db.games.update({game:"pinball", user:"joe"}, {$inc:{score:50}})
WriteResult({ "nMatched" : 1, "nUpserted" : 0, "nModified" : 1 })
```

更新后：

```
> db.games.findOne()
{
  "_id" : ObjectId("55b97a1b39ef843006969857"),
  "game" : "pinball",
  "user" : "joe",
  "score" : 50
}
```

分数（score）键原来并不存在，所以 $inc 创建了这个键，并把值设定成增加量：50。如果小球落入了加分区，要加 10 000 分。只要给 $inc 传递一个不同的值就可以。

```
> db.games.update({game:"pinball", user:"joe"}, {$inc:{score:10000}})
WriteResult({ "nMatched" : 1, "nUpserted" : 0, "nModified" : 1 })
```

现在来看看结果：

```
> db.games.findOne()
{
  "_id" : ObjectId("55b97a1b39ef843006969857"),
  "game" : "pinball",
  "user" : "joe",
  "score" : 10050
}
```

分数(score)键已经有了，而且有一个数字类型的值，所以服务器就给这个值增加了10 000。

$inc 和 $set 的用法类似，就是专门来增加(和减少)数字的。$inc 只能用于整型、长整型或双精度浮点型的值。要是用在其他类型的数据上就会导致操作失败，例如 null、布尔类型以及数字构成的字符串，而在其他很多语言中，这些类型都会自动转换为数值类型。

```
> db.games.update({game:"pinball", user:"joe"}, {$set：{score:"1"}})
WriteResult({ "nMatched" : 1, "nUpserted" : 0, "nModified" : 1 })
> db.games.find()
{
 "_id" : ObjectId("55b97a1b39ef843006969857"),
 "game" : "pinball",
 "user" : "joe",
 "score" : "1"
}
> db.games.update({game:"pinball", user:"joe"}, {$inc：{score：10000}})
WriteResult({
 "nMatched" : 0,
 "nUpserted" : 0,
 "nModified" : 0,
 "writeError" : {
 "code" : 16837,
 "errmsg" : "Cannot apply $inc to a value of non-numeric type. {id：ObjectId('55b97a1b39ef843006969857')} has the field 'score' of non-numeric type String"
}
})
```

另外，$inc 键的值必须为数字，不能使用字符串、数组或其他非数字的值。否则就会提示：Cannot apply $inc to a value of non-numeric type。要修改类型，应该使用 $set。

3) 组修改器

有一大类很重要的修改器可用于操作数组。数组是使用非常频繁的数据结构，它们不仅是可通过索引进行引用的列表，而且还可以作为数据集(set)来用。

4) 添加元素

如果数组已经存在，$push 会向已有的数组末尾增加一个元素，要是没有就创建一个新的数组。例如，假设要存储博客文章，要添加一个用于保存数组的"comments"(评论)键。可以向还不存在的"comments"数组添加一条评论，这个数组会被自动创建，并加入一条评论。

清空 blog 中所有文档：

```
>db.blog.drop()
true
```

创建文档内容如下：

```
> db.blog.insert({"title":"My Start","content":"Hello World!"})
WriteResult({ "nInserted" : 1 })
> db.blog.findOne()
{
  "_id" : ObjectId("55b97ebe39ef843006969858"),
  "title" : "My Start",
  "content" : "Hello World!"
}
> db.blog.update({title:"My Start"}, {$push:{comments:{name:"joe", content:"Good job"}}})
WriteResult({ "nMatched" : 1, "nUpserted" : 0, "nModified" : 1 })
> db.blog.findOne()
{
    "_id" : ObjectId("55b97ebe39ef843006969858"),
    "title" : "My Start",
    "content" : "Hello World!",
    "comments" : [
        {
            "name" : "joe",
            "content" : "Good job"
        }
    ]
}
```

要是还想添加一条评论，继续使用 $push：

```
> db.blog.update({title:"My Start"}, {$push:{comments:{name:"joe", content:"another Good job"}}})
WriteResult({ "nMatched" : 1, "nUpserted" : 0, "nModified" : 1 })
> db.blog.findOne()
{
  "_id" : ObjectId("55b97ebe39ef843006969858"),
```

```
         "title" : "My Start",
       "content" : "Hello World!",
       "comments" : [
          {
              "name" : "joe",
              "content" : "Good job"
          },
          {
              "name" : "joe",
              "content" : "another Good job"
          }
       ]
     }
```

这是一种比较简单的 \$push 使用形式，也可以将它应用在一些比较复杂的数组操作中。使用 \$each 子操作符，可以通过一次 \$push 操作添加多个值。

```
    >db.blog.update({title:"My Start"}, {$push:{comments:{$each:[{name:"joe", content:"1_good"}, {name:"joe", content:"2_good"}, {name:"joe", content:"3_good"}]}}})
        WriteResult({ "nMatched" : 1, "nUpserted" : 0, "nModified" : 1 })
        > db.blog.findOne()
        {
         "_id" : ObjectId("55b97ebe39ef843006969858"),
         "title" : "My Start",
       "content" : "Hello World!",
         "comments" : [
            {
                "name" : "joe",
                "content" : "Good job"
            },
            {
                "name" : "joe",
                "content" : "another Good job"
            },
            {
                "name" : "joe",
                "content" : "1_good"
```

        },
        {
            "name" : "joe",
            "content" : "2_good"
        },
        {
            "name" : "joe",
            "content" : "3_good"
        }
    ]
}
```

这样就可以将三个新元素添加到数组中。如果指定的数组中只含有一个元素，那么个操作就等同于没有使用 $each 的普通 $push 操作。

如果希望数组的最大长度是固定的，那么就可以将 $slice 和 $push 组合在一起使用，这样就可以保证数组不会超出设定好的最大长度，那么实际上就得到了一个最多包含 N 个元素的数组：

创建文档内容如下：

```
> db.movies.insert({"genre":"horror"})
WriteResult({ "nInserted" : 1 })
```

更新文档内容如下：

```
> db.movies.update({genre:"horror"},{$push:{top10:{$each:["Good1","Good2"],$slice:-10}}})
WriteResult({ "nMatched" : 1, "nUpserted" : 0, "nModified" : 1 })
> db.movies.findOne()
{
    "_id" : ObjectId("55b981a239ef843006969859"),
    "genre" : "horror",
    "top10" : [
        "Good1",
        "Good2"
    ]
}
```

这个例子会限制数组只包含最后加入的 10 个元素。$slice 的值必须是负整数。

如果数组的元素量小于 10（$push 之后），那么所有元素都会保留。如果数组的元素数量大于 10，那么只有最后 10 个元素会保留。因此，$slice 可以用来在文档中创建一个
```

2 数据创建、更新及删除

队列。

最后，在清理元素之前使用 $sort，只要向数组中添加子对象就需要清理：

```
> db.movies.update({genre:"horror"},{$push:{top10:{$each:[{co:
"Good1",num:29},{co:"Good2",num:19}],$slice:-10,$sort:{num:1}}}})
WriteResult({ "nMatched" : 1, "nUpserted" : 0, "nModified" : 1 })
> db.movies.findOne()
{
    "_id" : ObjectId("55b981a239ef843006969859"),
    "genre" : "horror",
    "top10" : [
        "Good1",
        "Good2",
        {
            "co" : "Good2",
            "num" : 19
        },
        {
            "co" : "Good1",
            "num" : 29
        }
    ]
}
```

这样会根据 num 字段的值对数组中的所有对象进行排序，然后保留前 10 个。注意，不能只将 $slice 或者 $sort 与 $push 配合使用，且必须使用 $each。

5) 将数组作为数据集使用

保证数组内的元素不会重复，可以在查询文档中用 $ne 来实现。例如，要是作者不在引文列表中，就添加进入，可以这么做：

```
> db.papers.update({citedAuthors:{$ne:"joe"}},{$push:{citedAuthors:"joe"}})
```

也可以用 $addToSet 来实现，某些情况下 $ne 根本行不通，而 $addToSet 则更为合适。例如，有一个表示用户的文档，已经有了电子邮件地址的数据集。

创建该用户的文档内容如下：

```
>db.users.insert({"username":
```

```
"joe","emails":["joe@qq.com","joe@hotmail.com","joe@gmail.com"]})
WriteResult({"nInserted":1})
> db.users.findOne()
{
 "_id":ObjectId("55b9875b39ef84300696985a"),
 "username":"joe",
 "emails":[
  "joe@qq.com",
  "joe@hotmail.com",
  "joe@gmail.com"
 ]
}
```

添加新地址时, $addToSet 可以避免插入重复地址:

```
> db.users.update({username:"joe"},
... {$addToSet:{emails:"joe@qq.com"}})
WriteResult({"nMatched":1,"nUpserted":0,"nModified":0})
> db.users.findOne()
{
 "_id":ObjectId("55b9875b39ef84300696985a"),
 "username":"joe",
 "emails":[
  "joe@qq.com",
  "joe@hotmail.com",
  "joe@gmail.com"
 ]
}
```

当插入没有重复的地址时:

```
> db.users.update({username:"joe"},{$addToSet:{emails:"joe@yahoo.com"}})
WriteResult({"nMatched":1,"nUpserted":0,"nModified":1})
> db.users.findOne()
{
 "_id":ObjectId("55b9875b39ef84300696985a"),
 "username":"joe",
```

```
       "emails": [
          "joe@qq.com",
          "joe@hotmail.com",
          "joe@gmail.com",
          "joe@yahoo.com"
       ]
    }
```

将 $addToSet 和 $each 组合起来,可以添加多个不同的值,而用 $ne 和 $push 组合则不能实现。

例如,想一次添加多个邮件地址,就可以使用以下修改器:

```
> db.users.update({username:"joe"},
  {$addToSet:{emails:{$each:["joe@a.com","joe@b.com","joe@qq.com"]}}})
WriteResult({ "nMatched" : 1, "nUpserted" : 0, "nModified" : 1 })
> db.users.findOne()
{
  "_id" : ObjectId("55b9875b39ef84300696985a"),
  "username" : "joe",
  "emails" : [
     "joe@qq.com",
     "joe@hotmail.com",
     "joe@gmail.com",
     "joe@yahoo.com",
     "joe@a.com",
     "joe@b.com"
  ]
}
```

6) 删除元素

现在列举几个从数组中删除元素的方法。若是把数组看成队列或者栈,可以用 $pop,这个修改器可以从数组任何一端删除元素。{$pop:{key:1}} 从数组末尾删除一个元素,{$pop:{key:-1}} 则从头部删除。

有时需要基于特定条件来删除元素,而不仅仅是依据元素位置,这时可以使用 $pull。例如,有一个无序的待完成事项列表:

```
> db.lists.insert({todo:["dishes","laundry","cleaning"]})
WriteResult({ "nInserted" : 1 })
```

如果我们先完成了 laundry 洗衣服，就可以用下面的方式删除它：

> db. lists. update({ }, { $ pull: {todo:"laundry"} })
WriteResult({ "nMatched": 1, "nUpserted": 0, "nModified": 1 })

通过查找，会发现当前只有两个元素，

> db. lists. findOne( )
{
 "_id": ObjectId("55b98a8c39ef84300696985b"),
 "todo": [
  "dishes",
  "cleaning"
 ]
}

$ pull 会将所有匹配的文档删除，而不是只删除一个。对数组[1, 1, 2, 1]执行 pull 1 操作，结果得到数组[2]。

数组操作符只能用于包含数组值的键。例如，不能将一个整数插入数组，也不能将一个字符串从数组中弹出。要修改标量值，使用 $ set 或者 $ inc。

7) 基于位置的数组修改器

若是数组有多个值，而我们只想对其中的一部分进行操作，就需要一些技巧。可以采用两种方法操作数组中的值：通过位置或者定位操作符($)。

数组下标都是以 0 开头的，可以将下标直接作为键来选择元素。这里有个文档，其中包含由内嵌文档组成的数组，例如包含评论的博客文章。

> db. blog. findOne( )
{
"_id": ObjectId("55b97ebe39ef843006969858"),
"title": "My Start",
"content": "Hello World!",
"comments": [
    {
        "name": "joe",
        "content": "Good job"
    },
    {
        "name": "joe",

```
            "content" : "another Good job"
        },
        {
            "name" : "joe",
            "content" : "1_good"
        },
        {
            "name" : "joe",
            "content" : "2_good"
        },
        {
            "name" : "joe",
            "content" : "3_good"
        }
    ]
}
```

如果想修改第一条评论内容：

```
> db.blog.update({"title":"My Start"}, {$set:{"comments.0.cotent":"Not Good"}})
WriteResult({"nMatched":1, "nUpserted":0, "nModified":1})
> db.blog.findOne()
{
    "_id" : ObjectId("55b97ebe39ef843006969858"),
    "title" : "My Start",
    "content" : "Hello World!",
    "comments" : [
        {
            "name" : "joe",
            "content" : "Good job",
            "cotent" : "Not Good"
        },
        {
            "name" : "joe",
            "content" : "another Good job"
        },
        {
```

```
            "name" : "joe",
            "content" : "1_good"
        },
        {
            "name" : "joe",
            "content" : "2_good"
        },
        {
            "name" : "joe",
            "content" : "3_good"
        }
    ]
}
```

但是很多情况下,不预先查询文档就不知道要修改的数组的下标。为解决此问题,MongoDB 提供了定位操作符 $,用来定位查询文档已经匹配的数组元素,并进行更新。例如,要是用户 joe 把名字改成了 huangshuai,就可以用定位符替换他在评论中的名字:

```
> db.blog.update({"comments.name":"joe"}, {$set:{"comments.$.name":"huangshuai"}})
WriteResult({"nMatched" : 1, "nUpserted" : 0, "nModified" : 1})
> db.blog.findOne()
{
    "_id" : ObjectId("55b97ebe39ef843006969858"),
    "title" : "My Start",
    "content" : "Hello World!",
    "comments" : [
        {
            "name" : "huangshuai",
            "content" : "Good job",
            "content" : "Not Good"
        },
        {
            "name" : "joe",
            "content" : "another Good job"
        },
        {
```

```
            "name" : "joe",
            "content" : "1_good"
        },
        {
            "name" : "joe",
            "content" : "2_good"
        },
        {
            "name" : "joe",
            "content" : "3_good"
        }
    ]
}
```

定位符只更新第一个匹配的元素。所以如果 joe 发表了多条评论，那么他的名字只能在第一条评论中改变。

8）数组修改器

有的修改器运行比较快。$inc 能就地修改，因为不需要改变文档的大小，只需要将键的值修改一下（对文档大小的改变非常小），所以非常快。而数组修改器可能会改变文档的大小，就会慢一些（$set 能在文档大小不发生变化时立即修改它，否则性能也会有所下降）。

将文档插入到 MongoDB 中时，依次插入的文档在磁盘上的位置是相邻的。因此，如果一个文档变大了，原来的位置就放不下这个文档了，这个文档就会被移动到集合中的另一个位置。

可以在实际操作中看到这种变化。创建一个包含几个文档的集合，对某个位于中间的文档进行修改，使其尺寸变大。然后会发现这个文档被移动到了集合的尾部：

```
> db.coll.insert({x:"a"})
> db.coll.insert({x:"b"})
> db.coll.insert({x:"c"})
> db.coll.find()
{ "_id" : ObjectId("55b9907b39ef84300696985c"), "x" : "a" }
{ "_id" : ObjectId("55b9908239ef84300696985d"), "x" : "b" }
{ "_id" : ObjectId("55b9908839ef84300696985e"), "x" : "c" }
> db.coll.update({x:"b"}, {$set: {x:"bbb"}})
> db.coll.find()
{ "_id" : ObjectId("55b9911e39ef84300696985f"), "x" : "a" }
```

{ "_id" : ObjectId("55b9912239ef843006969860") , "x" : "bbb" }
{ "_id" : ObjectId("55b9912639ef843006969861") , "x" : "c" }

MongoDB 必须要移动一个文档时,它会修改集合的填充因子(padding factor)。填充因子是 MongoDB 为每个新文档预留的增长空间。可以运行 db.coll.stats() 查看填充因子。执行上面的更新之前,"paddingFactor"字段的值是 1:根据实际的文档大小,为每个新文档分配精确的空间,不预留任何增长空间,最初的文档没有多余空间,见表 2.1:

表 2.1   填充因子示意图

"x" : "a"	"x" : "b"	"x" : "c"

让其中一个文档增大后,再次运行这个命令,会发现填充因子增加到了 1.5:为每个新文档预留其一半大小的空间作为增长空间,如果一个文档因为体积变大而不得不进行移动,它原来占用的空间就闲置了,而且填充因子会增加,见表 2.2:

表 2.2   填充因子增长示意图

"x" : "a"		"x" : "c"	"x" :"bbb"

如果随后的更新导致了更多次的文档移动,填充因子会持续变大(虽然不会像第一次移动时的变化那么大)。如果不再有文档移动,填充因子的值会缓慢降低,之后插入的新文档都会拥有填充因子指定大小的增长空间,如果在之后的插入中不再发生文档移动,填充因子会逐渐变小,见表 2.3:

表 2.3   填充因子增长示意图

"x" : "a"	"x" : "c"	"x" :"bbb"	"x" :"d"	"x" : "e"	"x" : "a"

移动文档是非常慢的。MongoDB 必须将文档原来所占的空间释放掉,然后将文档写入另一片空间。因此,应该尽量让填充因子的值接近 1。

2.3.3 upsert

upsert 是一种特殊的更新,要是没有找到符合更新条件的文档,就会以这个条件和更新文档为基础创建一个新的文档。如果找到了匹配的文档,则正常更新。upsert 非常方便,不必预置集合,同一套代码既可以用于创建文档又可以用于更新文档。

例如前面那个记录网站页面访问次数的例子,要是没有 upsert,就得试着查询 URL,没有找到就得新建一个文档,找到的话就增加访问次数。

这就是说如果有人访问页面，我们得先对数据库进行查询，然后选择更新或者插入。要是多个进程同时运行这段代码，还会遇到同时对给定 URL 插入多个文档这样的竞态条件。使用 upsert，既可以避免竞态问题，又可以缩减代码量。

```
>db.analytics.update({url:"/blog"}, {$inc：{pageviews：1}}, true)
```

这行代码非常高效，而且是原子性的。创建新文档会将条件文档作为基础，然后对它应用修改器文档。

例如，执行一个匹配键并增加对应键值的 upsert 操作，会在匹配的文档上进行增加：

清空 users 中所有文档：

```
> db.users.drop()
true
```

创建文档内容如下：

```
> db.users.insert({"rep"：25})
WriteResult({ "nInserted" : 1 })
> db.users.findOne()
{ "_id" : ObjectId("562d92088c79a6753b4da874"), "rep" : 25 }
```

更新文档内容如下：

```
> db.users.update({rep：25}, {$inc：{rep：3}}, true)
> db.users.findOne()
{ "_id" : ObjectId("562d92088c79a6753b4da874"), "rep" : 28 }
```

upsert 创建一个"rep"值为 25 的文档，随后将这个值加 3，最后得到"rep"为 28 的文档。要是不指定 upsert 选项，{rep：25} 不会匹配到任何文档，也就不会对集合进行任何更新。

如果再次运行这个 upsert(条件为{rep：25})，还会创建一个新文档。这是因为没有文档满足匹配条件(唯一一个文档是{rep：28})。

在某些时候，需要在创建文档的同时创建字段并为它赋值，但是在之后的所有更新操作中，这个字段的值都不再改变。这就是"$setOnInsert"的作用。"$setOnInsert"只会在文档插入时设置字段的值。因此，实际使用中可以这么做：

清空 users 中所有文档：

```
>db.users.drop()
```

创建文档内容：

此处不用创建，因为 upsert 是一种特殊的更新，要是没有找到符合更新条件的文档，就会以这个条件和更新文档为基础创建一个新的文档。

更新文档内容如下：

```
> db.users.update({}, {$setOnInsert:{createdAt: new Date()}}, true)
WriteResult({
  "nMatched" : 0,
  "nUpserted" : 1,
  "nModified" : 0,
  "_id" : ObjectId("55b87966d0de7014fdae2027")
})
> db.users.findOne()
{
  "_id" : ObjectId("55b87966d0de7014fdae2027"),
  "createdAt" : ISODate("2015-07-29T06:57:42.072Z")
}
```

注意，通常不需要保留 createdAt 这样的字段，因为 ObjectId 里包含了一个用于表明文档创建时间的时间戳。但是，在预置或者初始化计数器时，或者是对于不使用 ObjectId 的集合来说，"$setOnInsert"是非常有用的。

save shell 帮助程序

save 是一个 shell 函数，如果文档不存在，它会自动创建文档；如果文档存在，它就更新这个文档。它只有一个参数：文档。如果这个文档含有_id 键，save 会调用 upsert。否则，会调用 insert。如果在 shell 中使用这个函数，就可以非常方便地对文档进行快速修改。

```
> var x = db.users.findOne()
> x.num = 42
42
> db.users.save(x)
WriteResult({ "nMatched" : 1, "nUpserted" : 0, "nModified" : 1 })
> db.users.findOne()
{
  "_id" : ObjectId("55b87966d0de7014fdae2027"),
  "createdAt" : ISODate("2015-07-29T06:57:42.072Z"),
  "num" : 42
}
```

2 数据创建、更新及删除

要是不用 save 的话，最后一行代码看起来就会比较繁琐，比如：

> db.users.update({_id: x._id}, x)
WriteResult({ "nMatched" : 1, "nUpserted" : 0, "nModified" : 1 }) > db.users.findOne()
{
"_id" : ObjectId("55b880c9d0de7014fdae2028"),
"createdAt" : ISODate("2015-07-29T07:29:13.982Z"),
"num" : 42
}

2.3.4 更新多个文档

默认情况下，更新只能对符合匹配条件的第一个文档执行操作。要是有多个文档符合条件，只有第一个文档会被更新，其他文档不会发生变化。若要更新所有匹配的文档，可以将 update 的第 4 个参数设置为 true。

【注】update 的行为以后可能会发生变化（服务器端有可能默认会更新所有匹配的文档，只有第 4 个参数为 false 才会只更新一个），所以建议每次都显式表明要不要进行多文档更新。这样不但可以明确指定 update 的行为，而且在服务器默认行为发生变化时可以正常运行。

2.3.5 返回已更新的文档

调用 getLastError 仅能获得关于更新的有限信息，并不能返回被更新的文档。可以通过 findAndModify 命令得到被更新的文档。这对于操作队列以及执行其他需要进行原子性取值和赋值的操作来说，十分方便。

假设我们有一个集合，其中包含以一定顺序运行的进程。其中每个进程都用如下形式的文档表示：

{
_id: ObjectId(),
status: state,
priority: N
}

其中"status"是一个字符串，它的值可以是"READY"、"RUNNING"或者"DONE"。需要找到状态为"READY"具有最高优先级的任务，运行相应的进程函数，然后将其状态更新为"DONE"。也可能需要查询已经就绪的进程，按照优先级排序，将优先级最高的进程的状态更新为"RUNNING"。完成了以后，就把状态改为"DONE"。过程如下：

```
var cursor = db.processes.find({status:"READY"});
ps = cursor.sort({priority: -1}).limit(1).next();
db.processes.update({_id: ps._id}, {$set: {state:"RUNNING"}});
do_something(ps);
db.processes.update({_id: ps._id}, {$set: {status:"DONE"}});
```

这个算法不是很好，可能会导致竞态条件。假设有两个线程正在运行，A 线程读取了文档，B 线程在 A 将文档状态改为"RUNNING"之前也读取了同一个文档，这样两个线程会运行相同的处理过程。虽然可以在更新查询中进行状态检查来避免这一问题，但是十分复杂：

```
var cursor = db.processes.find({status:"READY"});
cursor.sort({priority: -1}).limit(1);
while((ps=cursor.next())!= null){
ps.update({_id: ps._id, status:"READY"}, {$set: {status:"RUNNING"}});
var lastOp = db.runCommand({getLastError: 1});
if(lastOp.n == 1){
  do_something(ps);
  db.processes.update({_id: ps._id}, {$set: {status:"DONE"}});
  break;
}
cursor = db.processes.find({state:"READY"});
cursor.sort({priority: -1}).limit(1);
}
```

这样也有问题。因为有先有后，很可能一个线程处理了所有任务，而另外一个就傻傻地等在那里。A 线程可能会一直占用进程，B 线程试着抢占失败后，就让 A 线程自己处理所有任务了。

遇到类似这样的情况时，findAndModify 就可大显身手了。findAndModify 能够在一个操作中返回匹配结果并且进行更新。在本例中，处理过程如下所示：

```
> ps = db.runCommand({findAndModify:"processes",
... query: {status:"READY"},
... sort: {priority: -1},
... update: {$set: {status:"RUNNING"}}})
```

注意，返回文档的状态仍然为"READY"，因为 findAndModify 返回的是修改之前的文档。要是再一次在集合上进行查询，会发现这个文档的 status 已经更新成了"RUNNING"：

```
> ps = db.findOne({_id：ps.value._id})
{
"_id"：ObjectId("4b3e7a18005cab32be6291f7")，
"priority"：1，
"status"："RUNNING"
}
```

这样的话，程序就变成了下面这样：

```
ps = db.runCommand({findAndModify:"processes"，
 query：{status:"READY"}，
 sort：{priority：-1}，
 update：{$set：{status:"RUNNING"}}}).value
do_something(ps)
db.processes.update({_id：ps._id}，{$set：{status:"DONE"}})
```

findAndModify 可以使用"update"键也可以使用"remove"。"remove"键表示将匹配的文档从集合里面删除。例如，现在不用更新状态，而是直接删掉，就可以像下面这样：

```
ps = db.runCommand({findAndModify:"processes"，
 query：{status:"READY"}，
 sort：{priority：-1}，
 remove：true}).value
do_something(ps)
```

findAndModify 命令有很多可以使用的字段：
1）findAndModify
字符串，集合名
2）query
查询文档，用于检索文档的条件。
3）sort
排序结果的条件。
4）update
修改器文档，用于对匹配的文档进行更新（update 和 remove 必须指定一个）。
5）remove

布尔类型，表示是否删除文档(update 和 remove 必须指定一个)。

6) new

布尔类型，表示返回更新前的文档还是更新后的文档。默认是更新前的文档。

7) fields

文档中需要返回的字段(可选)。

8) upsert

布尔类型，值为 true 时表示这是一个 upsert。默认为 false。

update 和 remove 必须有一个，也只能有一个。要是没有匹配到的文档，这个命令会返回一个错误。

2.4 写入安全机制

写入安全(Write Concern)是一种客户端设置，用于控制写入的安全级别。默认情况下，插入、删除和更新都会一直等待数据库响应(写入是否成功)，然后才会继续执行。通常，遇到错误时，客户端会抛出一个异常。

有一些选项可以用于精确控制需要应用程序等待的内容。两种最基本的写入安全机制是应答式写入(acknowledged write)和非应答式写入(unacknowledged write)。应答式写入是默认的方式：数据库会给出响应，告诉你写入操作是否成功执行。非应答式写入不返回任何响应，所以无法知道写入是否成功。

通常来说，应用程序应该使用应答式写入。但是，对于一些不是特别重要的数据(比如日志或者批量加载数据)，你可能不愿意为了自己不关心的数据而等待数据库响应。在这种情况下，可以使用非应答式写入。

尽管非应答式写入不返回数据库错误，但是这不代表应用程序不需要做错误检查。如果尝试向已经关闭的套接字(socket)执行写入，或者写入套接字时发生了错误，都会引起异常。

使用非应答式写入时，一种经常被忽视的错误是插入无效数据。比如，如果试图插入两个具有相同 _id 字段的文档，shell 就会抛出异常：

```
> db.users.insert({_id: 1})
WriteResult({ "nInserted" : 1 })
> db.users.insert({_id: 1})
WriteResult({
  "nInserted" : 0,
  "writeError" : {
"code" : 11000,
    "errmsg" : "E11000 duplicate key error index: demodb1.users.$_id_ dup key: {: 1.0}"
  }
})
```

2 数据创建、更新及删除

如果第二次插入时使用的是非应答式写入，那么第二次插入就不会抛出异常。键重复异常是一种非常常见的错误，还有其他很多类似的错误，比如无效的修改器或者磁盘空间不足等。

shell 与客户端程序对非应答式写入的实际支持并不一样：shell 在执行非应答式写入后，会检查最后一个操作是否成功，然后才会向用户输出提示信息。因此，如果在集合上执行了一系列无效操作，最后又执行了一个有效操作，shell 并不会提示有错误发生：

> db.users.insert({_id: 2}); db.users.insert({_id: 2}); db.users.count()
4 //因为在前面的内容中已经创建了一个_id: 1 没有删除，所以 count 结果为 4，可以调用 getLastError 手动强制在 shell 中进行检查，这一操作会检查最后一次操作种的错误。

> db.users.insert({_id: 2}); db.users.insert({_id: 2}); print(db.getLastError()); db.users.count()
E11000 duplicate key error index: demodb1.users.$_id_ dup key: {: 2.0}
4

编写需要在 shell 中执行的脚本时，这是非常有用的。

【注】在使用 Java、Python 等语言驱动 MongoDB 数据库的时候，如果使用的是 MongoClient 这个类，则代表的使用的是应答式写入，说明代码是写入安全的。

3 查　　询

本章将详细介绍查询。主要涵盖以下几个方面：
(1) 使用 find 或者 findOne 函数和查询文档对数据库执行查询；
(2) 使用 $ 条件查询实现范围查询、数据集包含查询、不等式查询以及其他一些查询；
(3) 查询将会返回一个数据库游标，游标只会在你需要时才将需要的文档批量返回；
(4) 还有很多针对游标执行的元操作，包括忽略一定数量的结果，或者限定返回结果的数量以及对结果进行排序。

3.1　查询简介

MongoDB 中使用 find 来进行查询。查询就是返回一个集合中文档的子集，子集的范围从 0 个文档到整个集合。find 的第一个参数决定了要返回哪些文档，这个参数是一个文档，用于指定查询条件。

空的查询文档{}会匹配集合的全部内容。要是不指定查询文档，默认就是{}。例如：

> db.user.find()

将批量返回集合 user 中的所有文档。

开始向查询文档中添加键/值对时，就意味着限定了查询条件。对于绝大多数类型来说，这种方式很简单明了。数值匹配数值，布尔类型匹配布尔类型。查询简单的类型，只要指定想要查找的值就行了，十分简单。例如，想要查找"age"值为 27 的所有文档：

>db.user.find({age：27})

要是想匹配字符串：

>db.user.find({name:"joe"})

可以查询多个组合条件，条件之间是 AND 关系：

>db.user.find({name:"joe"，age：27})

3.1.1 指定需要返回的键

有时并不需要将文档中所有键/值对都返回。遇到这种情况时,可以通过 find 或者 findOne 的第二个参数来指定想要的键。这样会节省传输的数据量,还可以节省客户端解码文档的时间和内存消耗。

例如,只要查看用户的 username 和 email 键:

>db.user.find({}, {username: 1, email: 1})

默认情况下,_id 这个键总是被返回,即便是没有指定要返回这个键。可以通过以下方式,使之不返回:

>db.user.find({}, {_id: 0})

3.1.2 限制条件

查询使用具有限制条件。传递给数据库的查询文档的值必须是常量(在客户端的代码里可以是变量)。也就是不能引用文档中其他键的值。例如,要想保持库存,有 in_stock(剩余库存)和 num_sold(已出售)两个键,想通过下列查询来比较两者的值是行不通的:

>db.stock.find({in_stock: this.num_sold})

3.2 查询条件

查询不仅能像前面说的那样精确匹配,还能匹配更加复杂的条件,比如范围、OR 子句和取反。

3.2.1 查询条件

表 3.1 查询条件符号

$ lt	$ lte	$ gt	$ gte
<	<=	>	>=

查询 18~30 岁(含)的用户:

>db.user.find({age: {$gte: 18, $lte: 30}})

这样的查询对日期尤为重要。对日期进行精确匹配用处不大，用户文档中的日期都是精确到毫秒的。

而我们通常是想得到一天、一周或者一个月的数据。这样的话使用范围查询就非常实用。

查找在 2015 年 7 月 30 日之前注册的人：

>start = new Date("2015-7-30")
>db.user.find({registered：{$lt：start}})

3.2.2 OR 查询

有两种方式进行 OR 查询：$in 可以用来查询一个键的多个值；$or 更通用一些，可以在多个键中查询任意的给定值。

如果一个键需要与多个值进行匹配的话，就要用 $in 操作符，再加一个条件数组。例如，抽奖活动的中奖号码是 725、542 和 390。要找出全部的中奖文档的话：

> db.raffle.find({ticket：{$in：[725, 542, 390]}})

$in 非常灵活，可以指定不同类型的条件和值。例如，查询同时匹配 ID 和用户名：

> db.user.find({user_id：{$in：[1234,"joe"]}})

这会匹配 user 等于 1234 的文档和"joe"的文档。

要是 $in 对应的数组只有一个值，那么和直接匹配这个值效果一样。例如：{ticket：{$in：[725]}}和{ticket：725}效果一样。

与 $in 相对应的是 $nin，$nin 将返回与数组中所有条件都不匹配的文档。要是想返回所有没有中奖的人，就可以用：

> db.raffle.find({ticket：{$nin：[725, 542, 390]}})

$in 能对单个键做 OR 查询，但是要对多个键做查询就得使用 $or。$or 接受一个包含所有可能条件的数组作为参数。

> db.raffle.find ({ $or：[{ticket：{$in：[725, 542, 390]}}, {winner：true}]})

使用普通的 AND 型查询时，总是希望尽可能用最少的条件来限定结果的范围。OR 型查询正好相反：第一个条件应该尽可能匹配更多的文档，这样才是最为高效的。

$or 在任何情况下都会正常工作。如果查询优化器可以更高效地处理 $in，那就选择使用它。

3.2.3 $not

$not 是元条件句，即可以用在任何其他条件之上。就拿取模运算符 $mod 来说，$mod 会将查询的值除以第一个给定值，若余数等于第二个给定值则匹配成功：

> db.user.find({num: {$mod: [5, 1]}})

假设上面的查询会返回 num 值为：1、6、11 等的用户，现在想要返回 num 为 2、3、4 等的用户，就要用 $not：

> db.user.find({num: {$not: {$mod: [5, 1]}}})

$not 与正则表达式联合使用时极为有用，用来查找那些与特定模式不匹配的文档。

3.2.4 条件语义

如果和之前的更新修改器和前面的查询文档相比，会发现以 $ 开头的键位于在不同的位置。在查询中，$lt 在内层文档，而更新中，$inc 则在外层文档。

基本上：条件语句是内层文档的键，修改器是外层文档的键。

一个键可以有任意多个条件，但一个键不能对应多个更新修改器。例如，文档不能同时{$inc: {age: 1}, $set: {age: 40}}，因为修改了 age 两次。

有一些元操作符（meta-operator）也位于外层文档中，比如 $and、$or 和 $nor：

> db.user.find({$and: [{x: {$lt: 1}}, {x: 4}]})

这个查询会匹配那些 x 键的值小于 1 并且等于 4 的文档。虽然这两个条件看起来是矛盾的，但是这是完全有可能的，比如 x 字段的值是一个数组{x: [0, 4]}，那么这个文档就与查询条件匹配。注意，查询优化器不会对 $and 进行优化，这与其他操作符不同。如果把上面的查询改成下面这样，效率会更高：

> db.user.find({x: {$lt: 1, $in: [4]}})

3.3 特定类型的查询

MongoDB 的文档可以使用多种类型的数据。其中有一些在查询时会有特别的表现。

3.3.1 null

null 不仅会匹配值为 null 的文档,还会匹配不包含这个键的文档(即返回缺少这个键的所有文档)。

如果仅想匹配键值为 null 的文档,既要检查该键的值是否为 null,还要通过 $exists 条件判定键值已存在:

> db.user.find({z: {$in: [null], $exists: true}})

由于没有 $eq(等于)操作符,所以这条查询语句看上去麻烦,但是与只有一个元素的 $in 效果一样。

3.3.2 正则表达式

正则表达式能够灵活有效地匹配字符串。例如,想要查找所有名为 Joe 或者 joe 的用户,就可以使用正则表达式执行不区分大小写的匹配:

> db.user.find({name: /joe/i})

系统可以接受正则表达式标志(i),但不是一定要有。现在已经匹配了各种大小写组合形式的 joe,如果还希望匹配如 joey 这样的键:

> db.user.find({name: /joey?/i})

MongoDB 使用 Perl 兼容的正则表达式(PCRE)库来匹配正则表达式,任何 PCRE 支持的正则表达式语法都能被 MongoDB 接受。建议在查询中使用正则表达式前,先在 JavaScript shell 中检查一下语法,确保匹配与设想的一致。

MongoDB 可以为前缀型正则表达式(如/^joey/)查询创建索引,所以这种类型的查询会非常高效。

正则表达式也可以匹配自身:

> db.user.insert({bar: /baz/})
> db.user.find({bar: /baz/})
{ "_id" : ObjectId("55b9d4e8609877bfed9ef6dd"), "bar" : /baz/ }

3.3.3 查询数组

查询数组元素与查询标量值是一样的。例如,有一个水果列表,如下所示:

```
> db. food. insert({fruit: ["apple","banana","peach"]})
```

下面的查询：

```
> db. food. find({fruit:"banana"})
{"_id": ObjectId("55bad1eb9922a65a955d7603"), "fruit": ["apple", "banana", "peach"]}
```

会成功匹配该文档。这个查询好比我们对一个这样的(不合法)文档进行查询：

{fruit: "apple", fruit: "banana", fruit: "peach"}

1) $all

如果需要多个元素来匹配数组，就要用 $all 了，这样就会匹配一组元素。
例如，假设创建了一个包含 3 个元素的集合：

```
> db. food. insert({_id: 1, fruit: ["apple","banana","peach"]})
> db. food. insert({_id: 2, fruit: ["apple","kumquat","orange"]})
> db. food. insert({_id: 3, fruit: ["cherry","banana","apple"]})
```

要找到既有"apple"又有"banana"的文档，可以使用 $all 来查询：

```
> db. food. find({fruit: {$all: ["apple","banana"]}})
{"_id": 1, "fruit": ["apple", "banana", "peach"]}
{"_id": 3, "fruit": ["cherry", "banana", "apple"]}
```

这里的顺序无关紧要。注意，第二个结果中"banana"在"apple"之前。要是对只有一个元素的数组使用 $all，就和不用 $all 一样了。

也可以使用整个数组进行精确匹配。但是，精确匹配对于缺少元素或者元素冗余的情况就不大灵了。例如，下面的方法会匹配之前的第一个文档：

```
> db. food. find({fruit: ["apple", "banana", "peach"]})
{"_id": 1, "fruit": ["apple", "banana", "peach"]}
```

但是下面这个就不会匹配：

```
> db. food. find({fruit: ["apple", "banana"]})
```

这个也不会匹配：

> db. food. find({fruit：["peach" ,"apple"，"banana"]})

要是想查询数组特定位置的元素，需使用 key. index 语法指定下标：

> db. food. find({"fruit. 2" :"peach"})
{ "_id"：1，"fruit"：["apple"，"banana"，"peach"]}

数组下标都是从 0 开始的，所以上面的表达式会用数组的第 3 个元素和"peach"进行匹配。

2) $ size

$ size 对于查询数组来说也是非常有用的，顾名思义，可以用它查询特定长度的数组，例如：

> db. food. find({fruit：{$ size：3}})

得到一个长度范围内的文档是一种常见的查询。$ size 并不能与其他查询条件(比如$ gt)组合使用，但是这种查询可以通过在文档中添加一个 size 键的方式来实现。这样每一次向指定数组添加元素时，同时增加 size 的值。比如，原来这样更新：

> db. food. update({}，{$ push：{"fruit" :"strawberry"}})

现在就可以这样：

> db. food. update({}，{$ push：{"fruit" :"strawberry"}，$ inc：{size：1}})

自增操作的速度非常快，所以对性能的影响微乎其微。这样存储文档后，就可以像下面这样查询了：

> db. food. find({size：{$ gte：2}})
{ "_id"：3，"fruit"：["cherry"，"banana"，"apple"，"strawberry"，"strawberry"]，"size"：2}

注意：这种技巧不能与$ addToSet 操作符同时使用。

3) $slice 操作符

本章前面已经提及，find 的第二个参数是可选的，可以指定需要返回的键。这个特别的 $slice 操作符可以返回某个键匹配的数组元素的一个子集。

例如，假设现在有一个博客文章的文档，我们希望返回前 10 条评论，可以这样做：

> db.blog.find({}, {comment: {$slice: 10}})

也可以返回后 10 条评论：

> db.blog.find({}, {comment: {$slice: -10}})

$slice 也可以指定偏移值以及希望返回的元素数量，来返回元素集合中间位置的某些结果：

> db.blog.find({}, {comment: {$slice: [2, 1]}})

这个操作会跳过前 2 个元素，返回之后 1 个元素。

除非特别声明，否则使用 $slice 时将返回文档中的所有键。别的键说明符都是默认不返回未提及的键，这点与 $slice 不太一样。例如，有如下的博客文章文档：

清空 blog 中所有文档：

> db.blog.drop()

创建博客文章文档内容如下：

db.blog.insert({"name": 1, "comment": [{"user":"a"}, {"user":"b"}, {"user":"c"}]})
WriteResult({ "nInserted" : 1 })
> db.blog.findOne()
{
    "_id" : ObjectId("55bb13ccd6895490038ae9a4"),
    "name" : 1,
    "comment" : [
        {
            "user" : "a"
        },
        {
            "user" : "b"

```
        },
        {
            "user" : "c"
        }
    ]
}
```

用 slice 获取最后一条元素：

```
> db.blog.findOne({}, {comment: {$slice: -1}}) {
    "_id" : ObjectId("55bb13ccd6895490038ae9a4"),
    "name" : 1,
    "comment" : [
        {
            "user" : "c"
        }
    ]
}
```

name 和 comment 都返回了，即便没有显式地出现在键说明符中。

4) 返回一个匹配的数组值

如果知道元素的下标，那么 $slice 非常有用。但有时我们希望返回与查询条件相匹配的任意一个数组元素。可以使用 $ 操作符得到一个匹配的元素。对于上面的博客文章示例，可以用如下方式得到 b 的评论：

```
> db.blog.findOne({"comment.user":"b"}, {"comment.$": {$slice: 1}}) {
    "_id" : ObjectId("55bb13ccd6895490038ae9a4"),
    "name" : 1,
    "comment" : [
        {
            "user" : "b"
        }
    ]
}
```

【注】这样只会返回第一个匹配的文档。如果 b 在这篇文章下有多条评论，只会返回第一条。

5) 数组和范围查询的相互作用

文档中的标量(非数组元素)必须与查询条件中的每一条语句相匹配。例如，如果使用{x: {$gt: 10, $lt: 20}}进行查询，只会匹配x键的值大于等于10并且小于等于20的文档。但是，假如某个文档的x字段不是一个数组，如果x键的某一个元素与查询条件的任意一条语句相匹配(查询条件中的每条语句可以匹配不同的数组元素)，那么这个文档也会被返回。

下面用一个例子来详细说明这种情况。假如有如下文档：

    { "_id" : ObjectId("55bb1920d6895490038ae9a5"), "x" : 5 }
    { "_id" : ObjectId("55bb1920d6895490038ae9a6"), "x" : 15 }
    { "_id" : ObjectId("55bb1920d6895490038ae9a7"), "x" : 25 }
    { "_id" : ObjectId("55bb1920d6895490038ae9a8"), "x" : [5, 25] }

创建文档内容如下：

    > db.test.insert({"x": 5})
    WriteResult({ "nInserted" : 1 })
    > db.test.insert({"x": 15})
    WriteResult({ "nInserted" : 1 })
    > db.test.insert({"x": 25})
    WriteResult({ "nInserted" : 1 })
    > db.test.insert({"x": [5, 25]})
    WriteResult({ "nInserted" : 1 })

如果希望找到x键的值位于10到20的所有文档，直接想到的查询方式如下：

    > db.test.find({x: {$gt: 10, $lt: 20}})

希望这个查询的返回文档是{x: 15}。但是，实际返回了两个文档：

    { "_id" : ObjectId("55bb1920d6895490038ae9a6"), "x" : 15 }
    { "_id" : ObjectId("55bb1920d6895490038ae9a8"), "x" : [5, 25] }

5和25都不位于10和20之间，但是这个文档也返回了，因为25与查询条件中的第一个语句(大于10)相匹配，5与查询条件中的第二个查询语句(小于20)相匹配。

因此对数组使用范围查询没有用：范围会匹配任意多元素数组。有几种方式可以得到预期的结果：

首先，可以使用$elemMatch要求MongoDB同时使用查询条件中的两个语句与每一个数组元素进行比较。但是，这里有一个问题，$elemMatch不会匹配非数组元素：

> db. test. find({x: {$ elemMatch: {$ gt: 10, $ lt: 20}}})
>   //查不到结果

如果当前查询的字段上创建过索引(详见第 4 章),可以使用 min( ) 和 max( ) 将查询条件遍历的索引范围限制为 $ gt 和 $ lt 的值。

3.3.4 查询内嵌文档

有两种方法可以查询内嵌文档:查询整个文档,或者只针对其键/值对进行查询。

查询整个内嵌文档与普通查询完全相同。例如,创建如下文档:

```
> db. people. insert({"name": {"first":"huang","last":"shuai"},"age": 20})
WriteResult({ "nInserted" : 1 })
> db. people. findOne( )
{
 "_id": ObjectId("55b9d976609877bfed9ef6de"),
 "name": {
   "first": "huang",
   "last": "shuai"
 },
 "age": 20
}
```

要查找姓名为 huang shuai 的人可以采用以下方法:

```
> db. people. find({name: {first:"huang", last:"shuai"}})
{"_id": ObjectId("55b9d976609877bfed9ef6de"), "name": { "first": "huang", "last": "shuai" }, "age": 20 }
```

但是,如果要查询一个完整的子文档,那么子文档必须精确匹配。如果要添加一个代表中间名的键,这个查询就不再可行了,因为查询条件不再与整个内嵌文档相匹配。而且这种查询还是与顺序相关的,{last:"shuai", frist:"huang"} 什么都匹配不到。

如果允许的话,通常只针对内嵌文档的特定键值进行查询,这是比较好的做法。这样,即便数据模式改变,也不会导致所有查询因为要精确匹配而失败。我们可以使用点表示法查询内嵌文档的键:

```
> db. people. find({"name. first":"huang"})
```

现在，如果增加了更多的键，这个查询依然会匹配到。

这种点表示法是查询文档区别于其他文档的主要特征。查询文档可以包含点来表达"进入内嵌文档内部"的意思。点表示法也是待插入的文档不能包含"."的原因。将 URL 作为键保存时经常会遇到此类问题。一种解决方法就是在插入前或者提取后执行一个全局替换，将"."替换成一个 URL 中的非法字符。

当文档结构变得复杂以后，内嵌文档的匹配需要些技巧。例如，假设有博客文章若干，要找到由 joe 发表的 5 分以上的评论。

首先清空 blog 中所有文档：

```
>db.blog.drop()
true
```

然后创建博客文章内容如下：

```
>db.blog.insert({"content":"Hello","comments":[{"author":"joe","score":3,"comment":"nice"},{"author":"mary","score":6,"comment":"good"}]})
WriteResult({ "nInserted" : 1 })
> db.blog.findOne()
{
    "_id" : ObjectId("55b9e01a609877bfed9ef6df"),
    "content" : "Hello",
    "comments" : [
    {
        "author" : "joe",
        "score" : 3,
        "comment" : "nice"
    },
    {
        "author" : "mary",
        "score" : 6,
        "comment" : "good"
    }
    ]
}
```

要正确指定一组条件，而不必指定每个键，就需要用 $elemMatch。这种模糊的命名条件句能用来在查询条件中部分指定匹配数组中的单个内嵌文档。

```
db.blog.find({comment:{$elemMatch:{author:"joe",score:{$gte:5}}}})
```

$elemMatch 将限定条件进行分组，仅当需要对一个内嵌文档的多个键操作时才会用到。

3.4　$where 查询

键/值对是一种表达能力非常好的查询方式，但是依然有些需求它无法表达。用 $where 可以在查询中执行任意的 JavaScript。这样就能在查询中做（几乎）任何事情。为安全起见，应该严格限制或者消除 $where 语句的使用。应该禁止终端用户使用任意的 $where 语句。

$where 语句最常见的应用就是比较文档中的两个键的值是否相等。假如我们有如下文档：

```
> db.foo.insert({apple:1, banana:6, peach:3})
> db.foo.insert({apple:8, spinach:4, watermelon:4})
```

我们希望返回两个键具有相同值的文档。第二个文档中，spinach 和 watermelon 的值相同，所以需要返回该文档。MongoDB 似乎从来没有提供过一个 $ 条件语句来做这种查询，所以只能用 $where 字句借助 JavaScript 来实现：

```
> db.foo.find({"$where" : function () {
... for (var current in this) {
... for (var other in this) {
... if (current != other && this[current] == this[other]) {
... return true;
... }
... }
... }
... return false;
... }});
{ "_id" : ObjectId("55beca7cbc3cb92fc93eb5f9"), "apple" : 8, "spinach" : 4, "watermelon" : 4 }
```

如果函数返回 true，文档就作为结果集的一部分返回；如果为 false，就不返回。

不是非常必要时，一定要避免使用"$where"查询，因为它们在速度上要比常规查询慢很多。每个文档都要从 BSON 转换成 JavaScript 对象，然后通过"$where"表达式来运行，而且"$where"语句不能使用索引，所以只在走投无路时才考虑"$where"这种用法。先使用常规查询进行过滤，然后再使用"$where"语句，这样组合使用可以降低性能损失。如果可能的话，使用"$where"语句前应该先使用索引进行过滤，"$where"只用于对结果进行进一步过滤。

进行复杂查询的另一种方法是使用聚合工具，第 5 章会详细介绍。

3.5 游标

数据库使用游标返回 find 的执行结果。客户端利用游标能够对最终结果进行有效的控制。可以限制结果的数量，略过部分结果，根据任意键按任意顺序的组合对结果进行各种排序，或者是执行其他一些强大的操作。

要想从 shell 中创建一个游标，首先要对集合填充一些文档，然后对其执行查询，并将结果分配给一个局部变量(用 var 声明的变量就是局部变量。)这里，先创建一个简单的集合，而后做个查询，并用 cursor 变量保存结果：

```
> for(i=0; i<100; i++){
... db.nor.insert({x: i});}
> var cursor = db.nor.find()
```

这么做的好处是可以一次查看一条结果。如果将结果放在全局变量或者没有放在变量中，MongoDB shell 会自动迭代，自动显示最开始的若干文档。也就是之前看到的种种例子，一般大家只想通过 shell 看看集合里面有什么，而不是想在其中实际运行程序，这样设计就很合适。

要迭代结果，可以使用游标的 next 方法。也可以使用 hasNext 来查看游标中是否还有其他结果。典型的结果遍历如下所示：

```
> while(cursor.hasNext()){
... obj = cursor.next();
... }
{ "_id" : ObjectId("562dbf2a3d2216bbe0316992"), "x" : 99 }
```

cursor.hasNext()检查是否有后续结果存在，然后用 cursor.next()获得它。

游标类还实现了 JavaScript 的迭代器接口，所以可以在 forEach 循环中使用：

```
> var cursor = db.nor.find()
> cursor.forEach(function(i){ print(i.x); })
0
1
```

3.5 游 标

```
2
...
99
```

调用 find 时，shell 并不立即查询数据库，而是等待真正开始要求获得结果时才发送查询，这样在执行之前可以给查询附加额外的选项。几乎游标对象的每个方法都返回游标本身，这样就可以按任意顺序组成方法链。例如，下面几种表达是等价的：

```
> var cursor = db.nor.find().sort({x: 1}).limit(1).skip(10)
> var cursor = db.nor.find().limit(1).sort({x: 1}).skip(10)
> var cursor = db.nor.find().skip(10).limit(1).sort({x: 1})
```

此时，查询还没有真正执行，所有这些函数都只是构造函数。现在，假设我们执行如下操作：

```
> cursor.hasNext()
```

这时，查询被发往服务器。shell 立刻获取前 100 个结果或者前 4MB 数据（两者中较小者），这样下次调用 next 或者 hasNext 时就不必再次连接服务器取结果了。客户端用光了第一组结果，shell 会再一次联系数据库，使用 getMore 请求提取更多的结果。getMore 请求包含一个查询标识符，向数据库询问是否还有更多的结果，如果有，则返回下一批结果。这个过程会一直持续到游标耗尽或者结果全部返回。

3.5.1 limit、skip 和 sort

最常用的查询选项就是限制返回结果的数量、忽略一定数量的结果以及排序。所有这些选项一定要在查询被发送到服务器之前指定。

要限制结果数量，可在 find 后使用 limit 函数。例如，只返回 3 个结果，可以这样：

```
> db.nor.find().limit(3)
{ "_id" : ObjectId("55bb4ce3d6895490038ae9a9"), "x" : 0 }
{ "_id" : ObjectId("55bb4ce3d6895490038ae9aa"), "x" : 1 }
{ "_id" : ObjectId("55bb4ce3d6895490038ae9ab"), "x" : 2 }
```

limit 指定的是上限，而非下限。

skip 与 limit 类似：

```
> db.nor.find().skip(3)
{ "_id" : ObjectId("55bb4ce3d6895490038ae9ac"), "x" : 3 }    { "_id" : ObjectId
```

("55bb4ce3d6895490038ae9ad"), "x": 4 }
...

上面的操作会略过前三个匹配的文档，然后返回余下的文档。如果集合里面能匹配的文档少于 3 个，则不会返回任何文档。

sort 接受一个对象作为参数，这个对象是一组键/值对，键对应文档的键名，值代表排序的方向。排序方向可以是 1(升序)或者-1(降序)。如果指定了多个键，则按照这些键被指定的顺序逐个排序。例如：要按照 username 升序以及 age 降序排序：

> db.nor.find().sort({username: 1, age: -1})

这 3 个方法可以组合使用。这对于分页非常有用。例如，你有个在线商店，有人想搜索 mp3。若是想每页返回 50 个结果，而且按照价格从高到低排序：

> db.stock.find({desc:"mp3"}).limit(50).sort({price: -1})

点击"下一页"可以看到更多的结果，通过 skip 也可以非常简单地实现，只需要略过前 50 个结果就行了(已经在第一页显示了)：

> db.stock.find({desc:"mp3"}).limit(50).skip(50).sort({price: -1})

然而，略过过多的结果会导致性能问题，下一节将会讲述如何避免略过大量结果。

比较顺序

MongoDB 处理不同类型的数据是有一定顺序的。有时一个键的值可能是多种类型的，例如，整型和布尔型，或者字符串和 null。如果对这种混合类型的键排序，其排序顺序是预先定义好的。优先级从小到大，其顺序如下：

1) 最小值
2) null
3) 数字(整型、长整型、双精度)
4) 字符串
5) 对象/文档
6) 数组
7) 二进制数据
8) 对象 ID
9) 布尔型
10) 日期型
11) 时间戳
12) 正则表达式

13）最大值

3.5.2　避免使用 skip 略过大量结果

用 skip 略过少量的文档还是不错的。但是要是数量非常多的话，skip 就会变得很慢，因为要先找到需要被略过的数据，然后再抛弃这些数据。大多数数据库会在索引中保存更多的元数据，用于处理 skip，但是 MongoDB 目前还不支持，所以要尽量避免略过太多的数据。通常可以利用上次的结果来计算下一次查询条件。

1）不用 skip 对结果分页

最简单的分页方法就是 limit 返回结果的第一页，然后将每个后续页面作为相对于开始的偏移量返回。

【注】不要这么用，略过数据比较多时，速度会变得很慢。

```
> var page1 = db.nor.find().limit(100)
> var page2 = db.nor.find().skip(100).limit(100)
> var page3 = db.nor.find().skip(200).limit(100)  ...
```

然而，一般来讲可以找到一种方法在不适用 skip 的情况下实现分页，这取决于查询本身。例如，要按照 date 降序显示文档列表。可以用如下方式获取结果的第一页：

```
> var page1 = db.foo.find().sort({"date":-1}).limit(100)
```

然后，可以利用最后一个文档中"date"的值作为查询条件，来获取下一页：

```
var latest = null;
//显示第一页
while (page1.hasNext()) {
    latest = page1.next(); display(latest);
}
//获取下一页
var page2 = db.foo.find({"date":{"$gt":latest.date}});
page2.sort({"date":-1}).limit(100);
```

这样查询中就没有 skip 了。

2）随机选取文档

从集合里面随机挑选一个文档是一个常见问题。最笨（也很慢）的做法就是先计算文档总数，然后选择一个从 0 到文档数量之间的随机数，利用 find 做一次查询，略过这个随机数那么多的文档，这个随机数的取值范围为 0 到集合中文档的总数：

3 查询

```
> //不要这么用
> var total = db.foo.count()
> var random = Math.floor(Math.random() * total)
> db.foo.find().skip(random).limit(1)
```

这种选取随机文档的做法效率太低：首先需要计算总数（要是有查询条件就会很费时），然后用 skip 略过大量结果也会非常耗时。

略微动动脑筋，从集合里面查找一个随机元素还是有好得多的办法的。秘诀就是在插入文档时给每个文档都添加一个额外的随机键。例如在 shell 中，可以用 Math.random()（产生一个 0~1 的随机数）：

```
> db.people.insert({"name":"joe","random":Math.random()})
> db.people.insert({"name":"john","random":Math.random()})
> db.people.insert({"name":"jim","random":Math.random()})
```

这样，想要从集合中查找一个随机文档，只要计算一个随机数并将其作为查询条件就行了，完全不用 skip：

```
> var random = Math.random()
> result = db.foo.findOne({"random":{"$gt":random}})
```

偶尔也会遇到产生的随机数比集合中所有随机值都大的情况，这时就没有结果返回了。遇到这种情况，那就将条件操作符换一个方向：

```
> if (result == null) {
... result = db.foo.findOne({"random":{"$lt":random}})
... }
null
```

要是集合里面本就没有文档，则会返回 null，这说得通。

这种技巧还可以和其他各种复杂的查询一同使用，仅需要确保有包含随机键的索引即可。例如，想在北京随机找一个水暖工，可以对"profession"、"state"和"random"建立索引：

```
> db.people.ensureIndex({"profession":1,"state":1,"random":1})
```

这样就能很快得出一个随机结果（关于索引，详见第 4 章）。

3.5.3 高级查询选项

有两种类型的查询：简单查询（plain query）和封装查询（wrapped query）。简单查询例如下面方法：

>var cursor = db.foo.find({"foo":"bar"})

有一些选项可以用于对查询进行"封装"。例如，假如我们执行一个排序：

> var cursor = db.foo.find({"foo":"bar"}).sort({"x":1})

实际情况不是将{"foo":"bar"}作为查询直接发送给数据库，而是先将查询封装在一个更大的文档中。shell 会把查询从{"foo":"bar"}转换成{"$query":{"foo":"bar"},"$orderby":{"x":1}}。

绝大多数驱动程序提供了辅助函数，用于向查询中添加各种选项。下面列举其他一些有用的选项。

1) $maxscan：integer

指定本次查询中扫描文档数量的上限。

> db.foo.find(criteria)._addSpecial("$maxscan", 20)

如果不希望查询耗时太多，也不确定集合中到底有多少文档需要扫描，那么可以使用这个选项。这样就会将查询结果限定为与被扫描的集合部分相匹配的文档。这种方式的一个缺点是，某些希望得到的文档没有扫描到。

2) $min：document

查询的开始条件。在这样的查询中，文档必须与索引的键完全匹配。查询中会强制使用给定的索引。

在内部使用时，通常应该使用"$gt"代替"$min"。可以使用"$min"强制指定一次索引扫描的下边界，这在复杂查询中非常有用。

3) $max：document

查询的结束条件。在这样的查询中，文档必须与索引的键完全匹配。查询中会强制使用给定的索引。

在内部使用时，通常应该使用"$lg"而不是"$max"。可以使用"$max"强制指定一次索引扫描的上边界，这在复杂查询中非常有用。

4) $showDiskLoc：true

在查询结果中添加一个"$diskLoc"字段，用于显示该条结果在磁盘上的位置。例如：

> db.foo.find()._addSpecial('$showDiskLoc', true)

{ "_id" : 0, " $ diskLoc" : { "file" : 2, "offset" : 154812592 } }
{ "_id" : 1, " $ diskLoc" : { "file" : 2, "offset" : 154812628 } }

文件号码显示了这个文档所在的文件。如果这里使用的是 test 数据库，那么这个文档就在 test.2 文件中。第二个字段显示的是该文档在文件中的偏移量。

3.5.4　获取一致结果

数据处理通常的做法就是先把数据从 MongoDB 中取出来，然后做一些变换，最后再存回去：

```
cursor = db.foo.find();
while (cursor.hasNext()) {
    var doc = cursor.next();
    doc = process(doc);
    db.foo.save(doc);
}
```

结果比较少，这样是没问题的，但是如果结果集比较大，MongoDB 可能会多次返回同一个文档。为什么呢？想象一下文档究竟是如何存储的吧。可以将集合看做一个文档列表，如图 3.1 所示。雪花代表文档，因为每一个文档都是唯一的。

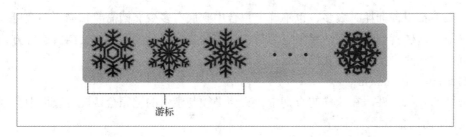

图 3.1　待查询的集合

在进行查找时，从集合的开头返回结果，游标不断向右移动。程序获取前 100 个文档并处理。将这些文档保存回数据库时，如果文档体积增加了，而预留空间不足，如图 3.2 所示，这时就需要对体积增大后的文档进行移动。通常会将它们挪至集合的末尾处（如图 3.3 所示）。

现在，程序继续获取大量的文档，如此往复。当游标移动到集合末尾时，就会返回因体积太大无法放回原位置而被移动到集合末尾的文档，如图 3.4 所示。

应对这个问题的方法就是对查询进行快照（snapshot）。如果使用了这个选项，查询就在"_id"索引上遍历执行，这样可以保证每个文档只被返回一次。例如，将 db.foo.find() 改为：

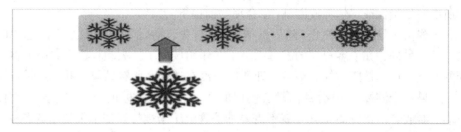

图 3.2 体积变大的文档，可能无法保存回原先的位置

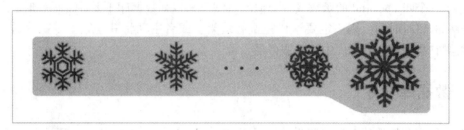

图 3.3 MongoDB 会为更新后无法放回原位置的文档重新分配存储空间

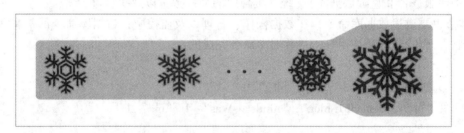

图 3.4 游标可能会返回那些由于体积变大而被移动到集合末尾的文档

```
> db.foo.find().snapshot()
```

快照会使查询变慢，所以应该只在必要时使用快照。例如，mongodump（用于备份）默认在快照上使用查询。

所有返回单批结果的查询都被有效地进行了快照。当游标正在等待获取下一批结果时，如果集合发生了变化，数据才可能出现不一致。

3.5.5 游标生命周期

看待游标有两种角度：客户端的游标以及客户端游标表示的数据库游标。前面讨论的都是客户端的游标，接下来简要看看服务器端发生了什么。

在服务器端，游标消耗内存和其他资源。游标遍历尽了结果以后，或者客户端发来消息要求终止，数据库将会释放这些资源。释放的资源可以被数据库另作他用，这是非常有益的，所以要尽量保证尽快释放游标(在合理的前提下)。

还有一些情况导致游标终止(随后被清理)。首先，游标完成匹配结果的迭代时，它会清除自身。另外，如果客户端的游标已经不在作用域内了，驱动程序会向服务器发送一条特别的消息，让其销毁游标。最后，即便用户没有迭代完所有结果，并且游标也还在作用域中，如果一个游标在10分钟内没有使用的话，数据库游标也会自动销毁。这样，如果客户端崩溃或者出错，MongoDB就不需要维护这上千个被打开却不再使用的游标。

这种"超时销毁"的行为是我们所希望的：极少有应用程序希望用户花费数分钟坐在那里等待结果。然而，有时的确希望游标持续的时间长一些。若是如此的话，多数驱动程序实现了一个叫immortal的函数或者类似的机制，来告知数据库不要让游标超时。如果关闭了游标的超时时间，则一定要迭代完所有结果，或者主动将其销毁，以确保游标被关闭。否则它会一直在数据库中消耗服务器资源。

3.6 数据库命令

有一种非常特殊的查询类型叫做数据库命令(database command)。前面已经介绍过文档的创建、更新、删除以及查询。这些都是数据库命令的使用范畴，包括管理性的任务(比如关闭服务器和克隆数据库)、统计集合内的文档数量以及执行聚合等。

本节主要讲述数据库命令，在数据操作、管理以及监控中，数据库命令都是非常有用的。例如，删除集合是使用"drop"数据库命令完成的：

> db.runCommand({drop:"blog"})
{ "ns" : "demodb1.blog" , "nIndexesWas" : 1, "ok" : 1 }

shell辅助函数封装了数据库命令，并提供更加简单的接口：

>db.blog.drop()

当使用旧版本shell连接新版本的数据库时，这个shell可能不支持新版数据库的一些命令，这时候就得使用runCommand()。

数据库命令工作原理

数据库命令总会返回一个包含"ok"键的文档。如果"ok"键的值是1，说明命令执行成功了；如果是0，说明由于一些原因，执行失败。

如果是0，命令的返回文档就会有一个额外的键error。它的值是一个字符串，用于描述命令的失败原因。例如，如果试着在一个已经删除的集合上执行drop命令：

> db.runCommand({drop:"blog"})
{ "ok" : 0, "errmsg" : "ns not found" }

3.6 数据库命令

MongoDB 中的命令被实现为一种特殊类型的查询，这些特殊的查询会在 $cmd 集合上执行。runCommand 只是接受一个命令文档，并且执行与这个命令文档等价的查询。于是，drop 命令会被转换为如下代码：

db.$cmd.findOne({drop:"blog"});

当 MongoDB 服务器得到一个在 $cmd 集合上的查询时，不会对这个查询进行通常的查询处理，而是会使用特殊的逻辑对其进行处理。几乎所有的 MongoDB 驱动程序都会提供一个类似 runCommand 的辅助函数，用于执行命令，而且命令总是能够以简单查询的方式执行。

有些命令需要有管理员权限，而且要在 admin 数据库上才能执行。如果在其他数据库上执行这样的命令，就会得到一个"access denied"（访问被拒绝）错误。如果当前位于其他的数据库，但是需要执行一个管理员命令，可以使用 adminCommand 而不是 runCommand：

```
> db.runCommand({shutdown：1})
{
 "ok": 0,
 "errmsg": "shutdown may only be run against the admin database.",   "code": 13
}
> db.adminCommand({shutdown：1})（请勿轻易尝试，若关闭，请执行 mongod 开启）
```

MongoDB 中，数据库命令是少数与字段顺序相关的地方之一：命令名称必须是命令中的第一个字段。因此，{getLastError：1，w：2}是有效的命令，而{w：2，getLastError：1}则不是。

4 索 引

本章介绍 MongoDB 的索引，索引可以用来优化查询，而且在某些特定类型的查询中，索引是必不可少的。主要包括以下内容：

(1) 什么是索引？为什么要用索引？
(2) 如何选择需要建立索引的字段？
(3) 如何强制使用索引？如何评估索引的效率？
(4) 创建索引和删除索引。

为集合选择合适的索引是提高性能的关键。

4.1 索引简介

数据库索引与书籍的索引类似。有了索引就不需要翻看整本书来查找内容，可以直接在索引中查找数据库，在索引中找到条目以后，就可以直接跳转到目标文档的位置，这能使查找速度提高几倍。

不使用索引的查询称为"全表扫描"（这个术语来自关系型数据库），也就是说，服务器必须查找完一整本书才能找到查询结果。这个处理过程与我们在一本没有索引的书中查找信息很像：从第 1 页开始一直读完整本书。通常来说，应该尽量避免全表扫描，因为对于大集合来说，全表扫描的效率非常低。

来看一个例子，我们创建了一个拥有 1 000 000 个文档的集合（如果想要 10 000 000 或者 100 000 000 个文档也可以）：

```
> for (i=0; i<1000000; i++) {
... db.users.insert(
... {
... "i": i,
... "username": "user"+i,
... "age": Math.floor(Math.random() * 120),
... "created": new Date()
... }
... );
... }
WriteResult({"nInserted": 1})
```

如果在这个集合上做查询，可以使用 explain() 函数查看 MongoDB 在执行查询的过程中所做的事情。下面试着查询一个随机的用户名：

```
> db.users.find({username: "user101"}).explain("executionStats")
{
"queryPlanner": {
  "plannerVersion": 1,
  "namespace": "demodb1.users",
  "indexFilterSet": false,
  "parsedQuery": {
    "username": {
      "$eq": "user101"
    }
  },
  "winningPlan": {
    "stage": "COLLSCAN",
    "filter": {
      "username": {
        "$eq": "user101"
      }
    },
    "direction": "forward"
  },
  "rejectedPlans": []
},
"executionStats": {
"executionSuccess": true,
  "nReturned": 1,
  "executionTimeMillis": 453,
  "totalKeysExamined": 0,
  "totalDocsExamined": 1000000,
  "executionStages": {
    "stage": "COLLSCAN",
    "filter": {
      "username": {
        "$eq": "user101"
      }
    }
```

```
        },
        "nReturned" : 1,
        "executionTimeMillisEstimate" : 90,
        "works" : 1000002,
        "advanced" : 1,
        "needTime" : 1000000,
        "needFetch" : 0,
        "saveState" : 7812,
        "restoreState" : 7812,
        "isEOF" : 1,
        "invalidates" : 0,
        "direction" : "forward",
        "docsExamined" : 1000000
      }
    },
    "serverInfo" : {
      "host" : "huangshuaideMacBook-Pro.local",
      "port" : 27017,
      "version" : "3.0.4",
      "gitVersion" : "nogitversion"
    },
    "ok" : 1
  }
```

可以忽略大多数字段，"totalDocsExamined"是 MongoDB 在完成这个查询的过程中扫描的文档总数。可以看到，这个集合中的每个文档都被扫描过了。也就是说，为了完成这个查询，MongoDB 查看了每一个文档中的每一个字段。"executionTimeMillis"字段显示的是这个查询耗费的毫秒数。

字段"nReturned"显示了查询结果的数量，这里是 1，因为这个集合中确实只有一个 username 为"user101"的文档。注意，由于不知道集合里的 username 字段是唯一的，MongoDB 不得不查看集合中的每一个文档。为了优化查询，将查询结果限制为 1，这样 MongoDB 在找到一个文档之后就会停止了：

```
> db.users.find({username : "user101"}).limit(1).explain("executionStats")
.executionStats
{
    "executionSuccess" : true,
    "nReturned" : 1,
```

```
"executionTimeMillis" : 0,    "totalKeysExamined" : 0,
"totalDocsExamined" : 102,
"executionStages" : {
    "stage" : "LIMIT",
    "nReturned" : 1,
    "executionTimeMillisEstimate" : 0,
    "works" : 104,
    "advanced" : 1,
    "needTime" : 102,
    "needFetch" : 0,
    "saveState" : 0,
    "restoreState" : 0,
    "isEOF" : 1,
    "invalidates" : 0,
    "limitAmount" : 0,
    "inputStage" : {
        "stage" : "COLLSCAN",
        "filter" : {
            "username" : {
                "$eq" : "user101"
            }
        },
        "nReturned" : 1,
        "executionTimeMillisEstimate" : 0,
        "works" : 103,
        "advanced" : 1,
        "needTime" : 102,
        "needFetch" : 0,
        "saveState" : 0,
        "restoreState" : 0,
        "isEOF" : 0,
        "invalidates" : 0,
        "direction" : "forward",
        "docsExamined" : 102
    }
}
}
```

现在，所扫描的文档数量极大地减少了，而且整个查询几乎是瞬间完成的。但是，这个方案是不现实的：如果要查找的是 user999999 呢？我们仍然不得不遍历整个集合，而且，随着用户的增加，查询会越来越慢。

对于此类查询，索引是一个非常好的解决方案：索引可以根据给定的字段组织数据，让 MongoDB 能够非常快地找到目标文档。下面尝试在 username 字段上创建一个索引：

> db.users.ensureIndex({"username": 1})

由于机器性能和集合大小的不同，创建索引有可能需要花几分钟时间。如果对 ensureIndex 的调用没能在几秒钟后返回，可以在另一个 shell 中执行 db.currentOp() 或者是检查 mongod 的日志来查看索引创建的进度。

索引创建完成之后，再次执行最初的查询：

```
> db.users.find({username: "user101"}).explain("executionStats").executionStats
{
  "executionSuccess": true,
  "nReturned": 1,
  "executionTimeMillis": 1,
  "totalKeysExamined": 1,
  "totalDocsExamined": 1,
  "executionStages": {
    "stage": "FETCH",
    "nReturned": 1,
    "executionTimeMillisEstimate": 0,
    "works": 2,
    "advanced": 1,
    "needTime": 0,
    "needFetch": 0,
    "saveState": 0,
    "restoreState": 0,
    "isEOF": 1,
    "invalidates": 0,
    "docsExamined": 1,
    "alreadyHasObj": 0,
    "inputStage": {
      "stage": "IXSCAN",
      "nReturned": 1,
      "executionTimeMillisEstimate": 0,
```

```
            "works" : 2,
            "advanced" : 1,
            "needTime" : 0,
            "needFetch" : 0,
            "saveState" : 0,
            "restoreState" : 0,
            "isEOF" : 1,
            "invalidates" : 0,
            "keyPattern" : {
                "username" : 1
            },
            "indexName" : "username_1",
            "isMultiKey" : false,
            "direction" : "forward",
            "indexBounds" : {
                "username" : [
                    "[ \ "user101 \ ", \ "user101 \ "]"
                ]
            },
            "keysExamined" : 1,
            "dupsTested" : 0,
            "dupsDropped" : 0,
            "seenInvalidated" : 0,
            "matchTested" : 0
        }
    }
}
```

这次 explain() 的输出内容比之前复杂一些，但是目前我们只需要注意"nReturned"、"totalDocsExamined"和"executionTimeMillis"这几个字段，可以忽略其他字段。可以看到，这个查询现在几乎是瞬间完成的(甚至可以更好)，而且对于任意 username 的查询，所耗费的时间基本一致：

```
> db.users.find({username:
"user999999"}).explain("executionStats").executionStats.executionTimeMillis 0
```

可以看到，使用了索引的查询几乎可以瞬间完成，这是非常激动人心的。然而，使用索引是有代价的：对于添加的每一个索引，每次写操作(插入、更新、删除)都将耗费更多的时间。这是因为,当数据发生变动时,MongoDB 不仅要更新文档,还要更新集合上的所有索引。因此,MongoDB 限制每个集合上最多只能有 64 个索引。通常,在一个特定的集合上,不应该拥有两个以上的索引。于是,挑选合适的字段建立索引非常重要。

【注】MongoDB 的索引几乎与传统的关系型数据库索引一模一样,所以如果已经掌握了那些技巧,则可以跳过本节的语法说明。后面会介绍一些索引的基础知识,但一定要记住这里涉及的只是冰山一角。绝大多数优化 MySQL/Oracle/SQLite 索引的技巧同样也适用于 MongoDB(包括"Use the Index, Luke"上的教程 http://use-the-index-luke.com)。

为了选择合适的键来建立索引,可以查看常用的查询以及那些需要被优化的查询,从中找出一组常用的键。例如,在上面的例子中,查询是在"username"上进行的。如果这是一个非常通用的查询,或者这个查询造成了性能瓶颈,那么在"username"上建立索引会是非常好的选择。然而,如果这只是一个很少用到的查询,或者只是给管理员用的查询(管理员并不需要太在意查询耗费的时间),那就不应该对"username"建立索引。

4.1.1 复合索引简介

索引的值是按一定顺序排列的,因此,使用索引键对文档进行排序非常快。然而,只有在首先使用索引键进行排序时,索引才有用。例如,在下面的排序里,"username"上的索引没什么作用:

```
> db.users.find().sort({"age" : 1, "username" : 1})
```

这里先根据"age"排序,再根据"username"排序,所以"username"在这里发挥的作用并不大。为了优化这个排序,可能需要在"age"和"username"上建立索引:

```
> db.users.ensureIndex({"age" : 1, "username" : 1})
```

这样就建立了一个复合索引(compound index)。如果查询中有多个排序方向或者查询条件中有多个键,这个索引就会非常有用。复合索引就是一个建立在多个字段上的索引。

假如我们有一个 users 集合(如下所示),如果在这个集合上执行一个不排序(称为自然顺序)的查询:

```
> db.users.find({}, {"_id": 0, "i": 0, "created": 0})
{ "username" : "user0", "age" : 69 }
{ "username" : "user1", "age" : 50 }
{ "username" : "user2", "age" : 88 }
{ "username" : "user3", "age" : 52 }
{ "username" : "user4", "age" : 74 }
{ "username" : "user5", "age" : 104 }
{ "username" : "user6", "age" : 59 }
```

{ "username" : "user7" , "age" : 102 }
{ "username" : "user8" , "age" : 94 }
{ "username" : "user9" , "age" : 7 }
{ "username" : "user10" , "age" : 80 } …

如果使用{"age" : 1, "username" : 1}建立索引，这个索引大致会是这个样子的：

[0, "user100309"] -> 0x0c965148
[0, "user100334"] -> 0xf51f818e
[0, "user100479"] -> 0x00fd7934
…
[0, "user99985"] -> 0xd246648f
[1, "user100156"] -> 0xf78d5bdd
[1, "user100187"] -> 0x68ab28bd
[1, "user100192"] -> 0x5c7fb621
…
[1, "user999920"] -> 0x67ded4b7
[2, "user100141"] -> 0x3996dd46
[2, "user100149"] -> 0xfce68412
[2, "user100223"] -> 0x91106e23 …

每一个索引条目都包含一个"age"字段和一个"username"字段，并且指向文档在磁盘上的存储位置（这里使用十六进制数字表示，可以忽略）。注意，这里的"age"字段是严格升序排列的，"age"相同的条目按照"username"升序排列。每个"age"都有大约 8 000 个对应的"username"，这里只是挑选了少量数据用于传达大概的信息。

MongoDB 对这个索引的使用方式取决于查询的类型。下面是三种主要的方式。

1）db.users.find({"age" : 21}).sort({"username" : -1})

这是一个点查询（point query），用于查找单个值（尽管包含这个值的文档可能有多个）。由于索引中的第二个字段，查询结果已经是有序的了：MongoDB 可以从{"age" : 21}匹配的最后一个索引开始，逆序依次遍历索引：

[21, "user999977"] -> 0x9b3160cf
[21, "user999954"] -> 0xfe039231
[21, "user999902"] -> 0x719996aa …

这种类型的查询是非常高效的：MongoDB 能够直接定位到正确的年龄，而且不需要对结果进行排序（因为只需要对数据进行逆序遍历就可以得到正确的顺序了）。

【注】排序方向并不重要：MongoDB 可以在任意方向上对索引进行遍历。

2）db. users. find（｛"age"：｛" $ gte"：21，" $ lte"：30｝｝）

这是一个多值查询（multi-value query），查找到多个值相匹配的文档（在本例中，年龄必须介于 21 到 30 岁）。MongoDB 会使用索引中的第一个键"age"得到匹配的文档，如下所示：

[21, "user100000"] -> 0x37555a81
[21, "user100069"] -> 0x6951d16f
[21, "user1001"] -> 0x9a1f5e0c
[21, "user100253"] -> 0xd54bd959
[21, "user100409"] -> 0x824fef6c
[21, "user100469"] -> 0x5fba778b
…
[30, "user999775"] -> 0x45182d8c
[30, "user999850"] -> 0x1df279e9
[30, "user999936"] -> 0x525caa57

通常来说，如果 MongoDB 使用索引进行查询，那么查询结果文档通常是按照索引顺序排列的。

3）db. users. find（｛"age"：｛" $ gte"：21，" $ lte"：30｝｝）. sort（｛"username"：1｝）

这是一个多值查询，与上一个类似，只是这次需要对查询结果进行排序。跟之前一样，MongoDB 会使用索引来匹配查询条件：

[21, "user100000"] -> 0x37555a81
[21, "user100069"] -> 0x6951d16f [21, "user1001"] -> 0x9a1f5e0c
[21, "user100253"] -> 0xd54bd959
…
[22, "user100004"] -> 0x81e862c5
[22, "user100328"] -> 0x83376384
[22, "user100335"] -> 0x55932943
[22, "user100405"] -> 0x20e7e664
…

然而，使用这个索引得到的结果集中"username"是无序的，而查询要求结果以"username"升序排列，所以 MongoDB 需要先在内存中对结果进行排序，然后才能返回。因此，这个查询通常不如上一个高效。

当然，查询速度取决于有多少个文档与查询条件匹配：如果结果集中只有少数几个文档，MongoDB 对这些文档进行排序并不需要耗费多少时间。如果结果集中的文档数量比较多，查询速度就会比较慢，甚至根本不能用：如果结果集的大小超过 32 MB，MongoDB

就会出错，拒绝对如此多的数据进行排序：

```
Mon Oct 29 16：25：26 uncaught exception：error：{
"$err"："too much data for sort() with no index. add an index or specify a smaller limit",
"code"：10128
}
```

最后一个例子中，还可以使用另一个索引（同样的键，但是顺序调换了）：{"username"：1，"age"：1}。MongoDB 会反转所有的索引条目，但是会以你期望的顺序返回。MongoDB 会根据索引中的"age"部分挑选出匹配的文档：

```
["user0", 69]
["user1", 50]
["user10", 80]
["user100", 48]
["user1000", 111]
["user10000", 98]
["user100000", 21] -> 0x73f0b48d
["user100001", 60]
["user100002", 82]
["user100003", 27] -> 0x0078f55f
["user100004", 22] -> 0x5f0d3088 ["user100005", 95]
…
```

这样非常好，因为不需要在内存中对大量数据进行排序。但是，MongoDB 不得不扫描整个索引以便找到所有匹配的文档。因此，如果对查询结果的范围做了限制，那么 MongoDB 在几次匹配之后就可以不再扫描索引，在这种情况下，将排序键放在第一位是一个非常好的策略。

可以通过 explain() 来查看 MongoDB 对 db.users.find({"age"：{"$gte"：21，"$lte"：30}}).sort({"username"：1})的默认行为：

```
> db.users.find({"age"：{"$gte"：21，"$lte"：30}}).sort({"username"：1}).
… explain()
{
    "cursor"："BtreeCursor age_1_username_1",
    "isMultiKey"：false,
    "n"：83484,
```

```
            "nscannedObjects" : 83484,
            "nscanned" : 83484,
            "nscannedObjectsAllPlans" : 83484,
            "nscannedAllPlans" : 83484,
            "scanAndOrder" : true,
            "indexOnly" : false,
            "nYields" : 0,
            "nChunkSkips" : 0,
            "millis" : 2766,
            "indexBounds" : {
                "age" : [
                    [
                        21,
                        30
                    ]
                ],
                "username" : [
                    [
                        {
                            "$minElement" : 1
                        },
                        {
                            "$maxElement" : 1
                        }
                    ]
                ]
            },
            "server" : "spock:27017"
        }
```

可以忽略大部分字段，后面会有相关介绍。注意，"cursor"字段说明这次查询使用的索引是{"age" : 1, "user name" : 1}，而且只查找了不到 1/10 的文档（"nscanned"只有83 484），但是这个查询耗费了差不多 3 秒的时间（"millis"字段显示的是毫秒数）。这里的"scanAndOrder"字段的值是 true：说明 MongoDB 必须在内存中对数据进行排序，如之前所述。

可以通过 hint 来强制 MongoDB 使用某个特定的索引，再次执行这个查询，但是这次使用{"username" : 1, "age" : 1}作为索引。这个查询扫描的文档比较多，但是不需要在内存中对数据排序：

```
> db.users.find({"age": {"$gte": 21, "$lte": 30}}).
... sort({"username": 1}).
... hint({"username": 1, "age": 1}).
... explain()
{
    "cursor": "BtreeCursor username_1_age_1",
    "isMultiKey": false,
    "n": 83484,
    "nscannedObjects": 83484,
    "nscanned": 984434,
    "nscannedObjectsAllPlans": 83484,
    "nscannedAllPlans": 984434,
    "scanAndOrder": false,
    "indexOnly": false,
    "nYields": 0,
    "nChunkSkips": 0,
    "millis": 14820,
    "indexBounds": {
        "username": [
            [
                {
                    "$minElement": 1
                },
                {
                    "$maxElement": 1
                }
            ]
        ],
        "age": [
            [
                21,
                30
            ]
        ]
    },
    "server": "spock:27017"
}
```

4 索引

注意，这次查询耗费了将近15秒才完成。通过对比可以发现，第一个索引速度更快。然而，如果限制每次查询的结果数量，新的赢家产生了：

```
> db.users.find({"age":{"$gte":21,"$lte":30}}).
... sort({"username":1}).
... limit(1000).
... hint({"age":1,"username":1}).
... explain()['millis']
2031
> db.users.find({"age":{"$gte":21,"$lte":30}}).
... sort({"username":1}).
... limit(1000).
... hint({"username":1,"age":1}).
... explain()['millis']
181
```

第一个查询耗费的时间仍然介于2秒到3秒，但是第二个查询只用了不到1/5秒！因此，应该就在应用程序使用的查询上执行explain()。排除掉那些可能会导致explain()输出信息不准确的选项。

在实际的应用程序中，{"sortKey":1,"queryCriteria":1}索引通常是很有用的，因为大多数应用程序在一次查询中只需要得到查询结果最前面的少数结果，而不是所有可能的结果。而且，由于索引在内部的组织形式，这种方式非常易于扩展。索引本质上是树，最小的值在最左边的叶子上，最大的值在最右边的叶子上。如果有一个日期类型的"sortKey"（或是其他能够随时间增加的值），当从左向右遍历这棵树时，实际上也花费了时间。因此，如果应用程序需要使用最近数据的机会多于较老的数据，那么MongoDB只需在内存中保留这棵树最右侧的分支（最近的数据），而不必将整棵树留在内存中。类似这样的索引是右平衡的(right balanced)，应该尽可能让索引是右平衡的。"_id"索引就是一个典型的右平衡索引。

4.1.2 使用复合索引

在多个键上建立的索引就是复合索引，在上面的小节中，已经使用过复合索引。复合索引比单键索引要复杂一些，但是也更强大。本节会更深入地介绍复合索引。

1）选择键的方向

到目前为止，我们所有的索引都是升序的（或者是从最小到最大）。但是，如果需要在两个（或者更多）查询条件上进行排序，可能需要让索引键的方向不同。例如，假设我们要根据年龄从小到大、用户名从Z到A对上面的集合进行排序。对于这个问题，之前的索引变得不再高效：每一个年龄分组内都是按照"username"升序排列的，是A到Z，不是 Z 到 A。对于按"age"升序排列按"username"降序排列这样的需求来说，用上面的索引得到的数据的顺序没什么用。

为了在不同方向上优化这个复合排序，需要使用与方向相匹配的索引。在这个例子中，可以使用{"age" : 1, "username" : -1}，它会以下面的方式组织数据：

```
[21, "user999977"] -> 0xe57bf737
[21, "user999954"] -> 0x8bffa512
[21, "user999902"] -> 0x9e1447d1
[21, "user999900"] -> 0x3a6a8426
[21, "user999874"] -> 0xc353ee06
...
[30, "user999936"] -> 0x7f39a81a
[30, "user999850"] -> 0xa979e136
[30, "user999775"] -> 0x5de6b77a
...
[30, "user100324"] -> 0xe14f8e4d
[30, "user100140"] -> 0x0f34d446
[30, "user100050"] -> 0x223c35b1
```

年龄按照从年轻到年长的顺序排列，在每一个年龄分组中，用户名是从 Z 到 A 排列的（对于我们的用户名来说，也可以说是按照从"9"到"0"排列的）。

如果应用程序同时需要按照{"age" : 1, "username" : 1}优化排序，我们还需要创建一个这个方向上的索引。至于索引使用的方向，与排序方向相同就可以了。注意，相互反转（在每个方向都乘以-1）的索引是等价的：{"age" : 1, "username" : -1}适用的查询与{"age" : -1, "username" : 1}是完全一样的。

只有基于多个查询条件进行排序时，索引方向才是比较重要的。如果只是基于单一键进行排序，MongoDB 可以简单地从相反方向读取索引。例如，如果有一个基于{"age" : -1}的排序和一个基于{"age" : 1}的索引，MongoDB 会在使用索引时进行优化，就如同存在一个{"age" : -1}索引一样（所以不要创建两个这样的索引！）。只有在基于多键排序时，方向才变得重要。

2）使用覆盖索引（covered index）

在上面的例子中，查询只是用来查找正确的文档，然后按照指示获取实际的文档。然后，如果你的查询只需要查找索引中包含的字段，那就根本没必要获取实际的文档。当一个索引包含用户请求的所有字段，可以认为这个索引覆盖了本次查询。在实际中，应该优先使用覆盖索引，而不是去获取实际的文档。这样可以保证工作集比较小，尤其在与右平衡索引一起使用时。

为了确保查询只使用索引就可以完成，应该使用投射来指定不要返回"_id"字段（除非它是索引的一部分）。可能还需要对不需要查询的字段做索引，因此需要在编写时就在所需的查询速度和这种方式带来的开销之间做好权衡。

如果在覆盖索引上执行 explain()，"indexOnly"字段的值要为 true。如果在一个含有数组的字段上做索引，这个索引永远也无法覆盖查询（因为数组是被保存在索引中的，后面会深入介绍）。即便将数组字段从需要返回的字段中剔除，这样的索引仍然无法覆盖查询。

3）隐式索引

复合索引具有双重功能，而且对不同的查询可以表现为不同的索引。如果有一个 {"age": 1,"username": 1} 索引，"age"字段会被自动排序，就好像有一个 {"age": 1} 索引一样。因此，这个复合索引可以当做 {"age": 1} 索引一样使用。

这个可以根据需要推广到尽可能多的键：如果有一个拥有 N 个键的索引，那么你便同时"免费"得到了所有这 N 个键的前缀组成的索引。举例来说，如果有一个 {"a": 1, "b": 1, "c": 1, ..., "z": 1} 索引，那么，实际上我们也可以使用 {"a": 1}、{"a": 1, "b": 1}、{"a": 1, "b": 1, "c": 1} 等一系列索引。

注意，这些键的任意子集所组成的索引并不一定可用。例如，使用 {"b": 1} 或者 {"a": 1, "c": 1} 作为索引的查询是不会被优化的：只有能够使用索引前缀的查询才能从中受益。

4.1.3 $ 操作符如何使用索引

有一些查询完全无法使用索引，但也有一些查询能够比其他查询更高效地使用索引。本节讲述 MongoDB 对各种不同查询操作符的处理。

1）低效率的操作符

有一些查询完全无法使用索引，比如" $ where"查询和检查一个键是否存在的查询（{"key": {" $ exists": true}}）。也有其他一些操作不能高效地使用索引。如果"x"上有一个索引，查询那些不包含"x"键的文档可以使用这样的索引（{" x": {" $ exists": false}}）。然而，在索引中，不存在的字段和 null 字段的存储方式是一样的，查询必须遍历每一个文档检查这个值是否真的为 null 还是根本不存在。如果使用稀疏索引（sparse index），就不能使用 {" $ exists": true}，也不能使用 {" $ exists": false}。

通常来说，取反的效率是比较低的。" $ ne"查询可以使用索引，但并不是很有效。因为必须要查看所有的索引条目，而不只是" $ ne"指定的条目，不得不扫描整个索引。例如，这样的查询遍历的索引范围如下：

```
> db.example.find({"i": {" $ ne": 3}}).explain()
{
    "cursor": "BtreeCursor i_1 multi",
    ...,
    "indexBounds": {
        "i": [
            [
```

```
                    {
                        "$minElement" : 1
                    }, 3
                ], [
                    3,
                    {
                        "$maxElement" : 1
                    }
                ]
            ]}, ...
        }
```

这个查询查找了所有小于 3 和大于 3 的索引条目。如果索引中值为 3 的条目非常多，那么这个查询的效率是很不错的，否则的话，这个查询就不得不检查几乎所有的索引条目。

"$not"有时能够使用索引，但是通常它并不知道要如何使用索引。它能够对基本的范围（比如将{"key" : {"$lt" : 7}} 变成 {"key" : {"$gte" : 7}}）和正则表达式进行反转。然而，大多数使用"$not"的查询退化为进行全表扫描。"$nin"就总是进行全表扫描。

如果需要快速执行一个这种类型的查询，可以试着找到另一个能够使用索引的语句，将其添加到查询中，这样就可以在 MongoDB 进行无索引匹配（non-indexed matching）时先将结果集的文档数量减到一个比较小的水平。

假如我们要找出所有没有"birthday"字段的用户。如果我们知道从 3 月 20 日开始，程序会为每一个新用户添加生日字段，那么就可以只查询 3 月 20 日之前创建的用户：

```
> db.users.find({"birthday" : {"$exists" : false}, "_id" : {"$lt" : march20Id}})
```

这个查询中的字段顺序无关紧要，MongoDB 会自动找出可以使用索引的字段，而无视查询中的字段顺序。

2）范围

复合索引使 MongoDB 能够高效地执行拥有多个语句的查询。设计基于多个字段的索引时，应该将会用于精确匹配的字段（比如 "x" : "foo"）放在索引的前面，将用于范围匹配的字段（比如"y" : {"$gt" : 3, "$lt" : 5}）放在最后。这样，查询就可以先使用第一个索引键进行精确匹配，然后再使用第二个索引范围在这个结果集内部进行搜索。假设要使用{"age" : 1, "username" : 1}索引查询特定年龄和用户名范围内的文档，可以精确指定索引边界值：

```
> db.users.find({"age": 47,
... "username": {"$gt": "user5", "$lt": "user8"}}).explain()
{
    "cursor": "BtreeCursor age_1_username_1",
    "n": 2788,
    "nscanned": 2788,
    …,
    "indexBounds": {
        "age": [
            [
                47,
                47
            ]
        ],
        "username": [
            [
                "user5",
                "user8"
            ]
        ]}, …
}
```

这个查询会直接定位到"age"为 47 的索引条目，然后在其中搜索用户名介于"user5"和"user8"的条目。

反过来，假如使用{"username": 1, "age": 1}索引，这样就改变了查询计划（query plan），查询必须先找到介于"user5"和"user8"之间的所有用户，然后再从中挑选"age"等于 47 的用户。

```
> db.users.find({"age": 47,
... "username": {"$gt": "user5", "$lt": "user8"}}).explain()
{
    "cursor": "BtreeCursor username_1_age_1",
    "n": 2788,
    "nscanned": 319499,
    …,
    "indexBounds": {
        "username": [
            [
```

```
                    "user5",
                    "user8"
                ]
            ],
            "age" : [
                [
                    47,
                    47
                ]
            ]
        },
        "server" : "spock：27017"
}
```

本次查询中 MongoDB 扫描的索引条目数量是前一个查询的 10 倍！在一次查询中使用两个范围通常会导致低效的查询计划。

3）OR 查询

写作本书时，MongoDB 在一次查询中只能使用一个索引。如果你在{"x"：1}上有一个索引，在{"y"：1}上也有一个索引，在{"x"：123, "y"：456}上进行查询时，MongoDB 会使用其中的一个索引，而不是两个一起用。"$or"是个例外，"$or"可以对每个子句都使用索引，因为"$or"实际上是执行两次查询后将结果集合并。

```
> db.foo.find({"$or": [{"x": 123}, {"y": 456}]}).explain()
{
    "clauses" : [
        {
            "cursor" : "BtreeCursor x_1",
            "isMultiKey" : false,
            "n" : 1,
            "nscannedObjects" : 1,
            "nscanned" : 1,
            "nscannedObjectsAllPlans" : 1,
            "nscannedAllPlans" : 1,
            "scanAndOrder" : false,
            "indexOnly" : false,
            "nYields" : 0,
            "nChunkSkips" : 0,
            "millis" : 0,
```

```
            "indexBounds" : {
                "x" : [
                    [
                        123,
                        123
                    ]
                ]
            }
        },
        {
            "cursor" : "BtreeCursor y_1",
            "isMultiKey" : false,
            "n" : 1,
            "nscannedObjects" : 1,
            "nscanned" : 1,
            "nscannedObjectsAllPlans" : 1,
            "nscannedAllPlans" : 1,
            "scanAndOrder" : false,
            "indexOnly" : false,
            "nYields" : 0,
            "nChunkSkips" : 0,
            "millis" : 0,
            "indexBounds" : {
                "y" : [
                    [
                        456,
                        456
                    ]
                ]
            }
        }
    ],
    "n" : 2,
    "nscannedObjects" : 2,
    "nscanned" : 2,
    "nscannedObjectsAllPlans" : 2,
    "nscannedAllPlans" : 2,
    "millis" : 0,
```

```
            "server" : "spock：27017"
        }
```

可以看到，这次的 explain( ) 输出结果由两次独立的查询组成。通常来说，执行两次查询再将结果合并的效率不如单次查询高，因此，应该尽可能使用"$ in"而不是"$ or"。

如果不得不使用"$ or"，记住，MongoDB 需要检查每次查询的结果集并且从中移除重复的文档(有些文档可能会被多个"$ or"子句匹配到)。

使用"$ in"查询时无法控制返回文档的顺序(除非进行排序)。例如，使用{"x": [1, 2, 3]}与使用{"x": [3, 2, 1]}得到的文档顺序是相同的。

4.2 使用 explain 和 hint

从上面的内容可以看出，explain( ) 能够提供大量与查询相关的信息。对于速度比较慢的查询来说，这是最重要的诊断工具之一。通过查看一个查询的 explain( ) 输出信息，可以知道查询使用了哪个索引以及是如何使用的。对于任意查询，都可以在最后添加一个 explain( ) 调用(与调用 sort( ) 或者 limit( ) 一样，不过 explain( ) 必须放在最后)。

最常见的 explain( ) 输出有两种类型：使用索引的查询和没有使用索引的查询。对于特殊类型的索引，生成的查询计划可能会有些许不同，但是大部分字段是相似的。另外，分片返回的是多个 explain( ) 的聚合(第 7 章介绍)，因为查询会在多个服务器上执行。

不使用索引的查询的 explain( ) 是最基本的 explain( ) 类型。如果一个查询不使用索引，是因为它使用了"BasicCursor"(基本游标)。反过来说，大部分使用索引的查询使用的是 BtreeCursor(某些特殊类型的索引，比如地理空间索引，使用的是它们自己类型的游标)。

4.3 什么时候不应该使用索引

提取较小的子数据集时，索引非常高效。也有一些查询不使用索引会更快。结果集在原集合中所占的比例越大，索引的速度就越慢，因为使用索引需要进行两次查找：一次是查找索引条目，另一次是根据索引指针去查找相应的文档。而全表扫描只需要进行一次查找：查找文档。在最坏的情况下(返回集合内的所有文档)，使用索引进行的查找次数会是全表扫描的两倍，效率会明显比全表扫描低很多。

可惜，并没有一个严格的规则可以告诉我们，如何根据数据大小、索引大小、文档大小以及结果集的平均大小来判断什么时候索引很有用，什么时候索引会降低查询速度(如表 4.1 所示)。一般来说，如果查询需要返回集合内 30% 的文档(或者更多)，那就应该对索引和全表扫描的速度进行比较。然而，这个数字可能会在 2%～60% 之间变动。

表 4.1　　　　　　　　　　使用索引与全表扫描特点对比

索引通常适用的情况	全表扫描通常适用的情况
集合较大	集合较小
文档较大	文档较小
选择性查询	非查询性查询

假如我们有一个收集统计信息的分析系统。应用程序要根据给定账户去系统中查询所有文档，根据从初始一直到一小时之前的数据生成图表：

> db.entries.find({"created_at":{"$lt":hourAgo}})

我们在"created_at"上创建索引以提高查询速度。

最初运行时，结果集非常小，可以立即返回。几个星期过去以后，数据开始多起来了，一个月之后，这个查询耗费的时间越来越长。

对于大部分应用程序来说，这很可能就是那个"错误的"查询：真的需要在查询中返回数据集中的大部分内容吗？大部分应用程序(尤其是拥有非常大的数据集的应用程序)不需要。然而，也有一些合理的情况，可能需要得到大部分或者全部的数据：也许需要将这些数据导出到报表系统，或者是放在批量任务中。在这些情况下，应该尽可能快地返回数据集中的内容。

可以用{"$natural":1}强制数据库做全表扫描，$natural 可以强制 MongoDB 做全表扫描：

> db.entries.find({"created_at":{"$lt":hourAgo}}).hint({"$natural":1})

使用"$natural"排序有一个副作用：返回的结果是按照磁盘上的顺序排列的。对于一个活跃的集合来说，这是没有意义的：随着文档体积的增加或者缩小，文档会在磁盘上进行移动，新的文档会被写入到这些文档留下的空白位置。但是，对于只需要进行插入的工作来说，如果要得到最新的(或者最早的)文档，使用 $natural 就非常有用了。

4.4　索引类型

创建索引时可以指定一些选项，使用不同选项建立的索引会有不同的行为。接下来的小节会介绍常见的索引变种，更高级的索引类型和特殊选项会在下一章介绍。

4.4.1　唯一索引

唯一索引可以确保集合的每一个文档的指定键都有唯一值。例如，如果想保证不同文档的"username"键拥有不同的值，创建一个唯一索引就好了：

> db.users.ensureIndex({"username": 1}, {"unique": true})

如果试图向上面的集合中插入如下文档：

> db.users.insert({username: "bob"})
WriteResult({ "nInserted": 1 })
> db.users.insert({username: "bob"})
WriteResult({
  "nInserted": 0,
  "writeError": {
    "code": 11000,
    "errmsg": "E11000 duplicate key error index: demodb1.users.$username_1 dup key: { : \"bob\" }"
  }
})

如果检查这个集合，会发现只有第一个"bob"被保存进来了。发现有重复的键时抛出异常会影响效率，所以可以使用唯一索引来应对偶尔可能会出现的键重复问题，而不是在运行时对重复的键进行过滤。

有一个唯一索引可能你已经比较熟悉了，就是"_id"索引，这个索引会在创建集合时自动创建。这就是一个正常的唯一索引（但它不能被删除，而其他唯一索引是可以删除的）。

【注】如果一个文档没有对应的键，索引会将其作为 null 存储。所以，如果对某个键建立了唯一索引，但插入了多个缺少该索引键的文档，由于集合已经存在一个该索引键的值为 null 的文档而导致插入失败。第 4.4.2 节会详细介绍相关内容。

有些情况下，一个值可能无法被索引。索引储桶（index bucket）的大小是有限制的，如果某个索引条目超出了它的限制，那么这个条目就不会包含在索引里。这样会造成一些困惑，因为使用这个索引进行查询时会有一个文档凭空消失不见。所有的字段都必须小于 1 024 字节，才能包含到索引里。如果一个文档的字段由于太大不能包含在索引里，MongoDB 不会返回任何错误或者警告。也就是说，超出 8 KB 大小的键不会受到唯一索引的约束：可以插入多个同样的 8 KB 长的字符串。

1）复合唯一索引

也可以创建复合的唯一索引。创建复合唯一索引时，单个键的值可以相同，但所有键的组合值必须是唯一的。

例如，如果有一个{"username": 1, "age": 1}上的唯一索引，下面的插入是合法的：

> db.users.insert({"username": "bob"})

```
> db.users.insert({"username":"bob","age":23})
> db.users.insert({"username":"fred","age":23})
```

然而，如果试图再次插入这三个文档中的任意一个，都会导致键重复异常。

2）去除重复

```
> db.user.find()
{"_id":ObjectId("55bf1a5d7e457f5ac64df085"),"age":20}
{"_id":ObjectId("55bf1a5d7e457f5ac64df086"),"age":20}
```

在已有的集合上创建唯一索引时可能会失败，因为集合中可能已经存在重复值了：

```
> db.user.ensureIndex({"age":1},{"unique":true})
{
    "createdCollectionAutomatically":false,
    "numIndexesBefore":1,
    "errmsg":"exception: E11000 duplicate key error index: demodb1.user.$age_1 dup key: {: 20.0}",
    "code":11000,
    "ok":0
}
```

通常需要先对已有的数据进行处理（可以使用聚合框架），找出重复的数据，想办法处理。

4.4.2 稀疏索引

前面的小节已经讲过，唯一索引会把 null 看做值，所以无法将多个缺少唯一索引中的键的文档插入集合中。然而，在有些情况下，你可能希望唯一索引只对包含相应键的文档生效。如果有一个可能存在也可能不存在的字段，但是当它存在时，它必须是唯一的，这时就可以将 unique 和 sparse 选项组合在一起使用。

【注】MongoDB 中的稀疏索引（sparse index）与关系型数据库中的稀疏索引是完全不同的概念。基本上来说，MongoDB 中的稀疏索引只是不需要将每个文档都作为索引条目。

使用 sparse 选项就可以创建稀疏索引。例如，如果有一个可选的 email 地址字段，如果提供了这个字段，那么它的值必须是唯一的：

```
> db.users.ensureIndex({"email":1},{"unique":true,"sparse":true})
```

稀疏索引不必是唯一的。只要去掉 unique 选项，就可以创建一个非唯一的稀疏索引。

根据是否使用稀疏索引，同一个查询的返回结果可能会不同。假如有这样一个集合，其中的大部分文档都有一个"x"字段，但是有些没有：

```
> db.foo.find()
{ "_id" : 0 }
{ "_id" : 1, "x" : 1 }
{ "_id" : 2, "x" : 2 }
{ "_id" : 3, "x" : 3 }
```

当在"x"上执行查询时，它会返回相匹配的文档：

```
> db.foo.find({"x" : {"$ne" : 2}})
{ "_id" : 0 }
{ "_id" : 1, "x" : 1 }
{ "_id" : 3, "x" : 3 }
```

如果在"x"上创建一个稀疏索引，"_id"为 0 的文档就不会包含在索引中。如果再次在"x"上查询，MongoDB 就会使用这个稀疏索引，{"_id" : 0}的这个文档就不会被返回了：

```
> db.foo.find({"x" : {"$ne" : 2}})
{ "_id" : 1, "x" : 1 }
{ "_id" : 3, "x" : 3 }
```

如果需要得到那些不包含"x"字段的文档，可以使用 hint() 强制进行全表扫描。

4.5 索引管理

如前面的小节所述，可以使用 ensuerIndex 函数创建新的索引。对于一个集合，每个索引只需要创建一次。如果重复创建相同的索引，是没有任何作用的。

所有的数据库索引信息都存储在 system.indexes 集合中。这是一个保留集合，不能在其中插入或者删除文档。只能通过 ensureIndex 或者 dropIndexes 对其进行操作。

创建一个索引之后，就可以在 system.indexes 中看到它的元信息。可以执行 db.collectionName.getIndexes() 来查看给定集合上的所有索引信息：

```
> db.users.getIndexes()
[
    {
```

```
        "v" : 1,
        "key" : {
            "_id" : 1
        },
        "name" : "_id_",
        "ns" : "demodb1.users"
    },
    {
        "v" : 1,
        "unique" : true,
        "key" : {
            "email" : 1
        },
        "name" : "email_1",
        "ns" : "demodb1.users",
        "sparse" : true
    }
]
```

这里面最重要的字段是"key"和"name"。这里的键可以用在 hint、max、min 以及其他所有需要指定索引的地方。在这里，索引的顺序很重要：{"x" : 1, "y" : 1} 上的索引与 {"y" : 1, "x" : 1} 上的索引不同。对于很多的索引操作（比如 dropIndex），这里的索引名称都可以被当做标识符使用。但是这里不会指明索引是不是多键索引。

"v"字段只在内部使用，用于标识索引版本。如果你的索引不包含"v" : 1 这样的字段，说明你的索引是以一种效率比较低的旧方式存储的。将 MongoDB 升级到 2.0 版本以上，删除并重建这些索引，就可以把索引的存储方式升级到新的格式了。

4.5.1 标识索引

集合中的每一个索引都有一个名称，用于唯一标识这个索引，也可以用于服务器端来删除或者操作索引。索引名称的默认形式是 keyname1_dir1_keyname2_dir2_..._keynameN_dirN，其中 keynameX 是索引的键，dirX 是索引的方向（1 或者-1）。如果索引中包含两个以上的键，这种命名方式就显得比较笨重了，好在可以在 ensureIndex 中指定索引的名称：

```
> db.foo.ensureIndex({"a" : 1, "b" : 1, "c" : 1, ..., "z" : 1},
... {"name" : "alphabet"})
```

索引名称的长度是有限制的，所以新建复杂索引时可能需要自定义索引名称。调用 getLastError 就可以知道索引是否成功创建，或者失败的原因。

4.5.2 修改索引

随着应用不断增长变化，你会发现数据或者查询已经发生了改变，原来的索引也不那么好用了。这时可以使用 dropIndex 命令删除不再需要的索引：

```
> db.people.dropIndex("x_1_y_1")
{ "nIndexesWas" : 3, "ok" : 1 }
```

用索引描述信息里"name"字段的值来指定需要删除的索引。

新建索引是一件既费时又浪费资源的事情。默认情况下，MongoDB 会尽可能快地创建索引，阻塞所有对数据库的读请求和写请求，一直到索引创建完成。如果希望数据库在创建索引的同时仍然能够处理读写请求，可以在创建索引时指定 background 选项。这样在创建索引时，如果有新的数据库请求需要处理，创建索引的过程就会暂停一下，但是仍然会对应用程序性能产生比较大的影响。后台创建索引比前台创建索引慢得多，在已有的文档上创建索引会比新创建索引再插入文档快一点。

5 聚 合

如果有数据存储在 MongoDB 中,我们想做的可能就不仅仅是将数据提取出来那么简单了,我们可能还希望对数据进行分析并加以利用。本章介绍 MongoDB 提供的聚合工具:

(1)聚合框架;

(2)MapReduce;

(3)聚合命令:count、distinct 和 group。

5.1 聚合框架

使用聚合框架可以对集合中的文档进行变换和组合。可以用多个构件创建一个管道(pipeline),用于对一连串的文档进行处理。这些构件包括筛选(filtering)、投射(projecting)、分组(grouping)、排序(sorting)、限制(limiting)和跳过(skipping)。

例如有一个保存着杂志文章的集合,你可能希望找出发表文章最多的那个作者。假设每篇文章被保存为 MongoDB 中的一个文档,可以按照如下步骤创建管道:

1)将每个文章文档中的作者投射出来。

2)将作者按照名字排序,统计每个名字出现的次数。

3)将作者按照名字出现次数降序排列。

4)将返回结果限制为前 5 个。

这里面的每一步都对应聚合框架中的一个操作符:

1){"$project":{"author":1}}

这样可以将"author"从每个文档中投射出来。

这个语法与查询中的字段选择器比较像:可以通过指定"fieldname":1 选择需要投射的字段,或者通过指定"fieldname":0 排除不需要的字段。执行完这个"$project"操作之后,结果集中的每个文档都会以{"_id":id,"author":"authorName"}这样的形式表示。这些结果只会在内存中存在,不会被写入磁盘。

2){"$group":{"_id":"$author","count":{"$sum":1}}}

这样就会将作者按照名字排序,某个作者的名字每出现一次,就会对这个作者的"count"加 1。

这里首先指定了需要进行分组的字段"author"。这是由"_id":"$author"指定的。可以将这个操作想象为:这个操作执行完后,每个作者只对应一个结果文档,所以"author"就成了文档的唯一标识符("_id")。

第二个字段的意思是为分组内每个文档的"count"字段加 1。注意,新加入的文档中并不会有"count"字段，这是"$group"创建的一个新字段。

执行完这一步之后，结果集中的每个文档会是这样的结构：{"_id"："authorName"，"count"：articleCount}。

3){"$sort"：{"count"：-1}}

这个操作会对结果集中的文档根据"count"字段进行降序排列。

4){"$limit"：5}

这个操作将最终的返回结果限制为当前结果中的前5个文档。

在MongoDB中实际运行时，要将这些操作分别传给aggregate()函数：

```
> db.articles.aggregate({"$project"：{"author"：1}},
... {"$group"：{"_id"："$author"，"count"：{"$sum"：1}}},
... {"$sort"：{"count"：-1}},
... {"$limit"：5})
{
"result"：[
{
"_id"："R. L. Stine",
"count"：430
},
{
"_id"："Edgar Wallace",
"count"：175
},
{
"_id"："Nora Roberts",
"count"：145
},
{
"_id"："Erle Stanley Gardner",
"count"：140
},
{
"_id"："Agatha Christie",
"count"：85
}
],
"ok"：1
}
```

aggregate()会返回一个文档数组，其中的内容是发表文章最多的5个作者。

【注】如果管道没有给出预期的结果，就需要进行调试。调试时，可以先只指定第一个管道操作符。如果这时得到了预期结果，那就再指定第二个管道操作符。以前面的例子来说，首先要试着只使用"$project"操作符进行聚合。如果这个操作符的结果是有效的，就再添加"$group"操作符。如果结果还是有效的，就再添加"$sort"。最后再添加"$limit"操作符。这样就可以逐步定位到造成问题的操作符。

5.2 管道操作符

每个操作符都会接收一连串的文档，对这些文档做一些类型转换，最后将转换后的文档作为结果传递给下一个操作符（对于最后一个管道操作符，是将结果返回给客户端）。

不同的管道操作符可以按任意顺序组合在一起使用，而且可以被重复任意多次。例如，可以先做"$match"，然后做"$group"，然后再做"$match"（与之前的"$match"匹配不同的查询条件）。

5.2.1 $match

$match用于对文档集合进行筛选，之后就可以在筛选得到的文档子集上做聚合。例如，如果想对北京的用户做统计，就可以使用{$match：{"state"："OR"}}。"$match"可以使用所有常规的查询操作符（"$gt"、"$lt"、"$in"等）。有一个例外需要注意：不能在"$match"中使用地理空间操作符。

通常，在实际使用中应该尽可能将"$match"放在管道的前面位置。这样做有两个好处：一是可以快速将不需要的文档过滤掉，以减少管道的工作量；二是如果在投射和分组之前执行"$match"，查询可以使用索引。

5.2.2 $project

相对于"普通"的查询而言，管道中的投射操作更加强大。使用"$project"可以从子文档中提取字段，重命名字段，还可以在这些字段上进行一些特殊的操作。

最简单的一个"$project"操作是从文档中选择想要的字段。可以指定包含或者不包含一个字段，它的语法与查询中的第二个参数类似。如果在原来的集合上执行下面的代码，返回的结果文档中只包含一个"author"字段。

> db.articles.aggregate({"$project"：{"author"：1, "_id"：0}})

默认情况下，如果文档中存在"_id"字段，这个字段就会被返回（"_id"字段可以被一些管道操作符移除，也可能已经被之前的投射操作给移除了）。可以使用上面的代码将"_id"从结果文档中移除。包含字段和排除字段的规则与常规查询中的语法一致。

也可以将投射过的字段进行重命名。例如，可以将每个用户文档的"_id"在返回结果

中重命名为"userId":

```
> db. users. aggregate( { " $ project" : { "userId" : " $ _id" , "_id" : 0 } } ) {
"result" : [
{
"userId" : ObjectId( "50e4b32427b160e099ddbee7" )
},
{
"userId" : ObjectId( "50e4b32527b160e099ddbee8" ) } ...
],
"ok" : 1
}
```

这里的"\$fieldname"语法是为了在聚合框架中引用 fieldname 字段(上面的例子中是"_id")的值。例如，"\$age"会被替换为"age"字段的内容(可能是数值，也可能是字符串)，"\$tags.3"会被替换为 tags 数组中的第 4 个元素。所以，上面例子中的"\$_id"会被替换为进入管道的每个文档的"_id"字段的值。

注意，必须明确指定将"_id"排除，否则这个字段的值会被返回两次：一次被标为"userId"，另外一次被标为"_id"。可以使用这种技术生成字段的多个副本，以便在之后的"\$group"中使用。

在对字段进行重命名时，MongoDB 并不会记录字段的历史名称。因此，如果在"originalfieldname"字段上有一个索引，聚合框架无法在下面的排序操作中使用这个索引，尽管很容易就能看出下面代码中的"newfieldname"与"originalfieldname"表示同一个字段。

```
> db. articles. aggregate( { " $ project" : { "newfieldname" : " $ originalfieldname" } } , ...
{ " $ sort" : { "newfieldname" : 1 } } )
```

所以，应该尽量在修改字段名称之前使用索引。

1)管道表达式

最简单的"\$project"表达式是包含和排除字段以及字段名称(\$fieldname)。但是，还有一些更强大的选项。也可以使用表达式(expression)将多个字面量和变量组合在一个值中使用。

在聚合框架中有几个表达式可用来组合或者进行任意深度的嵌套，以便创建复杂的表达式。

2)数学表达式(mathematical expression)

算术表达式可用于操作数值。指定一组数值，就可以使用这个表达式进行操作了。例如，下面的表达式会将"salary"和"bonus"字段的值相加。

```
> db.employees.aggregate(
... {
... "$project" : {
... "totalPay" : {
... "$add" : ["$salary", "$bonus"]
... }
... }
... })
```

可以将多个表达式嵌套在一起组成更复杂的表达式。假设我们想要从总金额中扣除为401(k)(一种美国养老金计划)缴纳的金额。可以使用"$subtract"表达式：

```
> db.employees.aggregate(
... {
... "$project" : {
... "totalPay" : {
... "$subtract" : [{"$add" : ["$salary", "$bonus"]}, "$401k"] ...}
... }
... })
```

表达式可以进行任意层次的嵌套，下面是每个操作符的语法：
(1)"$add" : [expr1[, expr2, ..., exprN]]
这个操作符接受一个或多个表达式作为参数，将这些表达式相加。
(2)"$subtract" : [expr1, expr2]
接受两个表达式作为参数，用第一个表达式减去第二个表达式作为结果。
(3)"$multiply" : [expr1[, expr2, ..., exprN]]
接受一个或者多个表达式，并且将它们相乘。
(4)"$divide" : [expr1, expr2]
接受两个表达式，用第一个表达式除以第二个表达式的商作为结果。
(5)"$mod" : [expr1, expr2]
接受两个表达式，将第一个表达式除以第二个表达式得到的余数作为结果。
3) 日期表达式(date expression)
许多聚合是基于时间的：上周发生了什么？上个月发生了什么？过去一年间发生了什么？因此，聚合框架中包含了一些用于提取日期信息的表达式：$year、$month、$week、$dayOfMonth、$dayOfWeek、$dayOfYear、$hour、$minute 和 $second。只能对日期类型的字段进行日期操作，不能对数值类型字段做日期操作。

每种日期类型的操作都是类似的：接受一个日期表达式，返回一个数值。下面的代码会返回每个雇员入职的月份：

```
> db.employees.aggregate(
... {
... "$project": {
... "hiredIn": {"$month": "$hireDate"}
... }
... })
```

也可以使用字面量日期。下面的代码会计算出每个雇员在公司内的工作时间：

```
> db.employees.aggregate(
... {
... "$project": {
... "tenure": {
... "$subtract": [{"$year": new Date()}, {"$year": "$hireDate"}]
... }
... }
... })
```

4）字符串表达式（string expression）

也有一些基本的字符串操作可以使用，它们的签名如下所示。

(1) "$substr": [expr, startOffset, numToReturn]

其中第一个参数 expr 必须是个字符串，这个操作会截取这个字符串的子串（从第 startOffset 字节开始的 numToReturn 字节，注意是字节，而不是字符。在多字节编码中尤其要注意这一点）expr 必须是字符串。

(2) "$concat": [expr1[, expr2, ..., exprN]]

将给定的表达式（或者字符串）连接在一起作为返回结果。

(3) "$toLower": expr

参数 expr 必须是个字符串值，这个操作返回 expr 的小写形式。

(4) "$toUpper": expr

参数 expr 必须是个字符串值，这个操作返回 expr 的大写形式。

改变字符大小写的操作，只保证对罗马字符有效。

下面是一个生成 j.doe@example.com 格式 email 地址的例子。它提取"$firstname"的第一个字符，将其与多个常量字符串和"$lastname"连接成一个字符串：

```
> db.employees.insert({firstName:"Huang", lastName:"Shuai"})
> db.employees.aggregate(
... {
```

```
… "$project": {
… "email": {
… "$concat": [
… {"$substr": ["$firstName", 0, 1]},
… ".",
… "$lastName",
… "@example.com"
… ]
… }
… }
… })
{ "_id": ObjectId("55c031de616a03f1e3b42531"), "email": "H.Shuai@example.com" }
```

5) 逻辑表达式(logical expression)

有一些逻辑表达式可以用于控制语句，下面是几个比较表达式：

(1) "$cmp": [expr1, expr2]

比较 expr1 和 expr2。如果 expr1 等于 expr2，返回 0；如果 expr1 < expr2，返回一个负数；如果 expr1 >expr2，返回一个正数。

(2) "$strcasecmp": [string1, string2]

比较 string1 和 string2，区分大小写。只对罗马字符组成的字符串有效。

(3) "$eq"/"$ne"/"$gt"/"$gte"/"$lt"/"$lte": [expr1, expr2]

对 expr1 和 expr2 执行相应的比较操作，返回比较的结果(true 或 false)。下面是几个布尔表达式：

(4) "$and": [expr1[, expr2, …, exprN]]

如果所有表达式的值都是 true，那就返回 true，否则返回 false。

(5) "$or": [expr1[, expr2, …, exprN]]

只要有任意表达式的值为 true，就返回 true，否则返回 false。

(6) "$not": expr

对 expr 取反。

(7) "$cond": [booleanExpr, trueExpr, falseExpr]

如果 booleanExpr 的值是 true，那就返回 trueExpr，否则返回 falseExpr。

(8) "$ifNull": [expr, replacementExpr]

如果 expr 是 null，返回 replacementExpr，否则返回 expr。

通过这些操作符，就可以在聚合中使用更复杂的逻辑，可以对不同数据执行不同的代码，得到不同的结果。

管道对于输入数据的形式有特定要求，所以这些操作符在传入数据时要特别注意。算术操作符必须接受数值，日期操作符必须接受日期，字符串操作符必须接受字符串。如果有字符缺失，这些操作符就会报错。如果你的数据集不一致，可以通过这个条件来检测缺失的值，并且进行填充。

6）提取的例子

假如有个教授想通过某种比较复杂的计算为学生打分：出勤率占10%，日常测验成绩占30%，期末考试占60%（如果是老师最宠爱的学生，那么分数就是100）。可以使用如下代码：

```
> db.students.insert({teachersPet: false, attendanceAvg: 80, quizzAvg: 80, testAvg: 80})
> db.students.aggregate(
... {
... "$project": {
... "grade": {
... "$cond": [
... "$teachersPet",
... 100, // if
... { // else
... "$add": [
... {"$multiply": [.1, "$attendanceAvg"]},
... {"$multiply": [.3, "$quizzAvg"]},
... {"$multiply": [.6, "$testAvg"]}
... ]
... }
... ]
... }
... }
... })
{"_id": ObjectId("55c03501616a03f1e3b42532"), "grade": 80}
```

5.2.3　$group

$group 操作可以将文档依据特定字段的不同值进行分组。下面是几个分组的例子。

（1）如果我们以分钟作为计量单位，希望找出每天的平均湿度，就可以根据"day"字段进行分组。

（2）如果有一个学生集合，希望按照分数等级将学生分为多个组，可以根据"grade"字段进行分组。

（3）如果有一个用户集合，希望知道每个城市有多少用户，可以根据"state"和"city"两个字段对集合进行分组，每个"city"/"state"对应一个分组。不应该只根据"city"字段进行分组，因为不同的州可能拥有相同名字的城市。

如果选定了需要进行分组的字段，就可以将选定的字段传递给"＄group"函数的"_id"字段。对于上面的例子，相应的代码如下：

(1){"＄group":{"_id":"＄day"}}

(2){"＄group":{"_id":"＄grade"}}

(3){"＄group":{"_id":{"state":"＄state","city":"＄city"}}}

如果执行这些代码，结果集中每个分组对应一个且只有一个字段（分组键）的文档。例如，按学生分数等级进行分组的结果可能是{"result":[{"_id":"A+"},{"_id":"A"},{"_id":"A-"},…,{"_id":"F"}],"ok":1}。通过上面这些代码，可以得到特定字段中每一个不同的值，但是所有例子都要求基于这些分组进行一些计算。因此，可以添加一些字段，使用分组操作符对每个分组中的文档做一些计算。

1) 分组操作符

这些分组操作符允许对每个分组进行计算，得到相应的结果。上一节介绍过"＄sum"分组操作符的作用：分组中每出现一个文档，它就对计算结果加1，这样便可以得到每个分组中的文档数量。

2) 算术操作符

有两个操作符可以用于对数值类型字段的值进行计算："＄sum"和"＄average"。

(1) "＄sum":value

对于分组中的每一个文档，将value与计算结果相加。注意，上面的例子中使用了一个字面量数字1，但是这里也可以使用比较复杂的值。例如，如果有一个集合，其中的内容是各个国家的销售数据，使用下面的代码就可以得到每个国家的总收入：

```
> db.sales.aggregate(
... {
... "＄group":{
... "_id":"＄country",
... "totalRevenue":{"＄sum":"＄revenue"}
... }
... })
```

(2) "＄avg":value

返回每个分组的平均值。

例如，下面的代码会返回每个国家的平均收入以及每个国家的销量：

```
> db.sales.aggregate(
... {
... "＄group":{
... "_id":"＄country",
```

```
…"totalRevenue":{"$avg":"$revenue"},
…"numSales":{"$sum":1}
…}
…})
```

3）极值操作符（extreme operator）

下面的四个操作符可用于得到数据集合中的"边缘"值。

（1）"$max"：expr

返回分组内的最大值。

（2）"$min"：expr

返回分组内的最小值。

（3）"$first"：expr

返回分组的第一个值，忽略后面所有值。只有排序之后，明确知道数据顺序时这个操作才有意义。

（4）"$last"：expr

与"$first"相反，返回分组的最后一个值。

"$max"和"$min"会查看每一个文档，以便得到极值。因此，如果数据是无序的，这两个操作符也可以有效工作；如果数据是有序的，这两个操作符就会有些浪费。假设有一个存有学生考试成绩的数据集，需要找到其中的最高分与最低分：

```
> db.scores.aggregate(
…{
…"$group":{
…"_id":"$grade",
…"lowestScore":{"$min":"$score"},
…"highestScore":{"$max":"$score"}
…}
…})
```

另一方面，如果数据集是按照希望的字段排序过的，那么"$first"和"$last"操作符就会非常有用。

下面的代码与上面的代码可以得到同样的结果：

```
> db.scores.aggregate(
…{
…"$sort":{"score":1}
…},
…{
```

```
... "$group" : {
... "_id" : "$grade",
... "lowestScore" : {"$first" : "$score"},
... "highestScore" : {"$last" : "$score"}
... }
... })
```

如果数据是排过序的,那么 $first 和 $last 会比 $min 和 $max 效率更高。如果不准备对数据进行排序,那么直接使用 $min 和 $max 会比先排序再使用 $first 和 $last 效率更高。

4) 数组操作符

有两个操作符可以进行数组操作。

(1) "$addToSet" : expr

如果当前数组中不包含 expr,那就将它添加到数组中。在返回结果集中,每个元素最多只出现一次,而且元素的顺序是不确定的。

(2) "$push" : expr

不管 expr 是什么值,都将它添加到数组中。返回包含所有值的数组。

5) 分组行为

有两个操作符不能用前面介绍的流式工作方式对文档进行处理,"$group"是其中之一。大部分操作符的工作方式是流式的,只要有新文档进入,就可以对新文档进行处理。但是"$group"必须要等收到所有的文档之后,才能对文档进行分组,然后才能将各个分组发送给管道中的下一个操作符。这意味着,在分片的情况下,"$group"会先在每个分片上执行,然后各个分片上的分组结果会被发送到 mongos 再进行最后的统一分组,剩余的管道工作也是在 mongos(而不是在分片)上运行的。

5.2.4 $unwind

拆分(unwind)可以将数组中的每一个值拆分为单独的文档。例如,如果有一篇拥有多条评论的博客文章,可以使用 $unwind 将每条评论拆分为一个独立的文档:

```
> db.blog.insert({"author" : "k", "post" : "Hello, world!", "comments" : [{"author" : "mark", "date" : ISODate("2013-01-10T17:52:04.148Z"), "text" : "Nice post"}, {"author" : "bill", "date" : ISODate("2013-01-10T17:52:04.148Z"), "text" : "I agree"}]})
> db.blog.findOne()
{
"_id" : ObjectId("55bf2c057e457f5ac64df095"),
"author" : "k",
"post" : "Hello, world!",
"comments" : [
```

```
            }
                "author" : "mark",
                "date" : ISODate("2013-01-10T17:52:04.148Z"),
                "text" : "Nice post"
            },
            {
                "author" : "bill",
                "date" : ISODate("2013-01-10T17:52:04.148Z"),
                "text" : "I agree"
            }
        ]
    }
> db.blog.aggregate({"$unwind" : "$comments"})
{ "_id" : ObjectId("55bf2c057e457f5ac64df095"), "author" : "k", "post" : "Hello, world!", "comments" : { "author" : "mark", "date" : ISODate("2013-01-10T17:52:04.148Z"), "text" : "Nice post" } }
{ "_id" : ObjectId("55bf2c057e457f5ac64df095"), "author" : "k", "post" : "Hello, world!", "comments" : { "author" : "bill", "date" : ISODate("2013-01-10T17:52:04.148Z"), "text" : "I agree" } }
```

5.2.5 $sort

可以根据任何字段(或者多个字段)进行排序，与在普通查询中的语法相同。如果要对大量的文档进行排序，强烈建议在管道的第一阶段进行排序，这时的排序操作可以使用索引。否则，排序过程就会比较慢，而且会占用大量内存。

可以在排序中使用文档中实际存在的字段，也可以使用在投射时重命名的字段：

```
> db.employees.aggregate(
... {
... "$project" : {
... "compensation" : {
... "$add" : ["$salary", "$bonus"]
... },
... "name" : 1
... }
... },
... {
... "$sort" : {"compensation" : -1, "name" : 1} ... })
```

这个例子会对员工排序，最终的结果是按照报酬从高到低，姓名从 A 到 Z 的顺序排列。

排序方向可以是 1(升序)和-1(降序)。

与前面讲过的"$group"一样，"$sort"也是一个无法使用流式工作方式的操作符。"$sort"也必须要接收到所有文档之后才能进行排序。在分片环境下，先在各个分片上进行排序，然后将各个分片的排序结果发送到 mongos 做进一步处理。

5.2.6 $limit

$limit 会接受一个数字 n，返回结果集中的前 n 个文档。

5.2.7 $skip

$skip 也是接受一个数字 n，丢弃结果集中的前 n 个文档，将剩余文档作为结果返回。在"普通"查询中，如果需要跳过大量的数据，那么这个操作符的效率会很低。在聚合中也是如此，因为它必须要先匹配到所有需要跳过的文档，然后再将这些文档丢弃。

5.2.8 使用管道

应该尽量在管道的开始阶段(执行"$project"、"$group"或者"$unwind"操作之前)就将尽可能多的文档和字段过滤掉。管道如果不是直接从原来的集合中使用数据，那就无法在筛选和排序中使用索引。如果可能，聚合管道会尝试对操作进行排序，以便能够有效使用索引。

MongoDB 不允许单一的聚合操作占用过多的系统内存：如果 MongoDB 发现某个聚合操作占用了 20%以上的内存，这个操作就会直接输出错误。允许将输出结果利用管道放入一个集合中是为了方便以后使用(这样可以将所需的内存减至最小)。

如果能够通过"$match"操作迅速减小结果集的大小，就可以使用管道进行实时聚合。由于管道会不断包含更多的文档，会越来越复杂，所以几乎不可能实时得到管道的操作结果。

5.3 MapReduce

MapReduce 是聚合工具中的明星，它非常强大、非常灵活。有些问题过于复杂，无法使用聚合框架的查询语言来表达，这时可以使用 MapReduce。MapReduce 使用 JavaScript 作为"查询语言"，因此它能够表达任意复杂的逻辑。然而，这种强大是有代价的：MapReduce 非常慢，不适合用在实时的数据分析中。

MapReduce 能够在多台服务器之间并行执行。它会将一个大问题拆分为多个小问题，将各个小问题发送到不同的机器上，每台机器只负责完成一部分工作。所有机器都完成时，再将这些零碎的解决方案合并为一个完整的解决方案。

MapReduce 需要几个步骤。最开始是映射(map)，将操作映射到集合中的每个文档。

这个操作要么"无作为",要么"产生一些键和 X 个值"。然后就是中间环节,称作"洗牌"(shuffle),按照键分组,并将产生的键值组成列表放到对应的键中。化简(reduce)则把列表中的值化简成一个单值。这个值被返回,然后接着进行洗牌,直到每个键的列表只有一个值为止,这个值也就是最终结果。

下面举几个 MapReduce 的例子,这个工具非常强大,但也有点复杂。

5.3.1 找出集合中的所有键

用 MapReduce 来解决这个问题有点大材小用,不过还是一种了解其机制的不错的方式。

MongoDB 会假设模式是动态的,所以并不跟踪记录每个文档中的键。通常找到集合中所有文档所有键的最好方式就是用 MapReduce。在本例中,会记录每个键出现了多少次。内嵌文档中的键就不计算了,但给 map 函数做个简单修改就能实现这个功能了。

在映射环节,我们希望得到集合中每个文档的所有键。map 函数使用特别的 emit 函数"返回"要处理的值。emit 会给 MapReduce 一个键(类似于前 $group 所使用的键)和一个值。这里用 emit 将文档某个键的计数(count)返回({count: 1})。我们想为每个键单独计数,所以为文档中的每个键调用一次 emit。this 就是当前映射文档的引用:

```
> map = function() {
... for (var key in this) {
... emit(key, {count: 1});
... }};
```

这样就有了许许多多{count: 1}文档,每一个都与集合中的一个键相关。这种由一个或多个{count: 1}文档组成的数组,会传递给 reduce 函数。reduce 函数有两个参数,一个是 key,也就是 emit 返回的第一个值,还有另外一个数组,由一个或者多个与键对应的{count: 1}文档组成。

```
> reduce = function(key, emits) {
... total = 0;
... for (var i in emits) {
... total += emits[i].count;
... }
... return {"count": total}; ...}
```

reduce 一定要能够在之前的 map 阶段或者前一个 reduce 阶段的结果上反复执行。所以 reduce 返回的文档必须能作为 reduce 的第二个参数的一个元素。例如,x 键映射到了 3 个文档{count: 1, id: 1}、{count: 1, id: 2}和{count: 1, id: 3},其中 id 键只用于区分不同的文档。MongoDB 可能会这样调用 reduce:

```
> r1 = reduce("x", [{count: 1, id: 1}, {count: 1, id: 2}])
{count: 2}
> r2 = reduce("x", [{count: 1, id: 3}])
{count: 1}
> reduce("x", [r1, r2])
{count: 3}
```

不能认为第二个参数总是初始文档之一（比如{count: 1}）或者长度固定。reduce 应该能处理 emit 文档和其他 reduce 返回结果的各种组合。

总之，MapReduce 函数可能会是下面这样：

```
> mr = db.runCommand({"mapreduce": "food", "map": map, "reduce": reduce, "out": "tmp"})
    "result": "tmp",
    "timeMillis": 74,
    "counts": {
      "input": 3,
      "emit": 9,
      "reduce": 3,
      "output": 3
    },
    "ok": 1
}
```

MapReduce 返回的文档包含很多与操作有关的元信息。

1) "result" : "tmp"

这是存放 MapReduce 结果的集合名（由 out 字段指定）。这是个临时集合，MapReduce 的连接关闭后它就被自动删除了。

2) "timeMillis" : 74

操作花费的时间，单位是毫秒。

3) "counts" : { ... }

这个内嵌文档主要用作调试，其中包含 4 个键。

(1) "input" : 3

发送到 map 函数的文档个数。

(2) "emit" : 9

在 map 函数中 emit 被调用的次数。

(3) "reduce" : 3

在 map 函数中 reduce 被调用的次数。

（4）"output"：3

结果集合中的文档数量。

对结果集合进行查询会发现原有集合的所有键及其计数：

```
> db[mr.result].find()
{"_id":"_id","value":{"count":3}}
{"_id":"fruit","value":{"count":3}}
{"_id":"size","value":{"count":3}}
```

这个结果集中的每个"_id"对应原集合中的一个键，"value"键的值就是 reduce 的最终结果。

5.3.2 网页分类

假设有个网站，人们可以提交其他网页的链接，比如 reddit（http://www.reddit.com）。提交者可以给这个链接添加标签，表明主题，比如 politics、geek 或者 icanhascheezburger。可以用 MapReduce 找出哪个主题最为热门，热门与否由最近的投票决定。

首先，建立一个 map 函数，发出（emit）标签和一个基于流行度和新旧程度的值。

```
map = function() {
for (var i in this.tags) {
    var recency = 1/(new Date() - this.date);
    var score = recency * this.score;
    emit(this.tags[i], {"urls":[this.url], "score":score});
}
};
```

现在就化简同一个标签的所有值，以得到这个标签的分数：

```
reduce = function(key, emits) {
var total = {urls:[], score:0}
for (var i in emits) {
    emits[i].urls.forEach(function(url) {
        total.urls.push(url);
    }
    total.score += emits[i].score;
}
```

```
        return total;
    };
```

最终的集合包含每个标签的 URL 列表和表示该标签流行程度的分数。

5.3.3 MongoDB 和 MapReduce

前面两个例子只用到了 mapreduce、map 和 reduce 键。这 3 个键是必需的，但是 MapReduce 命令还有很多可选的键。

（1）"finalize"：function

可以将 reduce 的结果发送给这个键，这是整个处理过程的最后一步。

（2）"keeptemp"：boolean

如果为值为 true，那么在连接关闭时会将临时结果集合保存下来，否则不保存。

（3）"out"：string

输出集合的名称。如果设置了这选项，系统会自动设置 keeptemp：true。

（4）"query"：document

在发往 map 函数前，先用指定条件过滤文档。

（5）"sort"：document

在发往 map 前先给文档排序（与 limit 一同使用非常有用）。

（6）"limit"：integer

发往 map 函数的文档数量的上限。

（7）"scope"：document

可以在 JavaScript 代码中使用的变量。

（8）"verbose"：boolean

是否记录详细的服务器日志。

1）finalize 函数

和 group 命令一样，MapReduce 也可以使用 finalize 函数作为参数。它会在最后一个 reduce 输出结果后执行，然后将结果存到临时集合中。

返回体积比较大的结果集对 MapReduce 来说没有没有太大的问题，因为它不像 group 那样有 4 MB 的限制。然而，信息总是要传递出去的，通常来说，finalize 是计算平均数、裁剪数组、清除多余信息的好时机。

2）保存结果集合

默认情况下，Mongo 会在执行 MapReduce 时创建一个临时集合，集合名是系统选的一个不太常用的名字，将"mr"、执行 MapReduce 的集合名、时间戳以及数据库作业 ID，用"."连成一个字符串，这就是临时集合的名字。结果产生形如 mr.stuff.18234210220.2 这样的名字。MongoDB 会在调用的连接关闭时自动销毁这个集合（也可以在用完之后手动删除）。如果希望保存这个集合，就要将 keeptemp 选项指定为 true。

如果要经常使用这个临时集合，建议给它定义一个有意义的标识。利用 out 选项（该选项接受字符串作为参数）就可以为临时集合指定一个易读易懂的名字。如果用了 out 选项，就不必指定 keeptemp：true，因为指定 out 选项时系统会将 keeptemp 设置为 true。即便你取了一个非常好的名字，MongoDB 也会在 MapReduce 的中间过程使用自动生成的集合名。处理完成后，会自动将临时集合的名字更改为你指定的集合名，这个重命名的过程是原子性的。也就是说，如果多次对同一个集合调用 MapReduce，也不会在操作中遇到集合不完整的情况。

MapReduce 产生的集合就是一个普通集合，在这个集合上执行 MapReduce 完全没有问题，或者在前一个 MapReduce 的结果上执行 MapReduce 也没有问题。

3）对文档子集执行 MapReduce

有时需要对集合的一部分执行 MapReduce。只需在传给 map 函数前使用查询对文档进行过滤就行了。

每个传递给 map 函数的文档都要先反序列化，从 BSON 对象转换为 JavaScript 对象，这个过程非常耗时。如果事先知道只需要对集合的一部分文档执行 MapReduce，那么在 map 之前先对文档进行过滤可以极大地提高 map 速度。可以通过"query"、"limit"和"sort"等键对文档进行过滤。

"query"键的值是一个查询文档。通常查询返回的结果会传递给 map 函数。例如，有一个做跟踪分析的应用程序，现在我们需要上周的总结摘要，只要使用如下命令对上周的文档执行 MapReduce 就行了：

> db.runCommand({"mapreduce" : "analytics", "map" : map, "reduce" : reduce, "query" : {"date" : {"$gt" : week_ago}}})

sort 选项和 limit 一起使用时通常能够发挥非常大的作用。limit 也可以单独使用，用来截取一部分文档发送给 map 函数。

如果在上个例子中想分析最近 10 000 个页面的访问次数（而不是最近一周的），就可以使用 limit 和 sort：

> db.runCommand({"mapreduce" : "analytics", "map" : map, "reduce" : reduce, "limit" : 10000, "sort" : {"date" : -1}})

query、limit、sort 可以随意组合，但是如果不使用 limit 的话，sort 就不能有效发挥作用。

4）使用作用域

MapReduce 可以为 map、reduce、finalize 函数都采用一种代码类型。但多数语言里，可以指定传递代码的作用域。而 MapReduce 会忽略这个作用域。它有自己的作用域键"scope"，如果想在 MapReduce 中使用客户端的值，则必须使用这个参数。可以用"变量名：值"这样的普通文档来设置该选项，然后在 map、reduce 和 finalize 函数中就能使用了。作用域在这些函数内部是不变的。例如，上一节的例子使用 1/(newDate() - this.date) 计算页面的新旧程度。可以将当前日期作为作用域的一部分传递进去：

> db.runCommand({{"mapreduce": "webpages", "map": map, "reduce": reduce, "scope": {now: new Date()}}})

这样，在 map 函数中就能计算 1/(now - this.date) 了。

5) 获得更多的输出

还有个用于调试的详细输出选项。如果想看看 MapReduce 的运行过程，可以将 "verbose" 指定为 true。也可以用 print 把 map、reduce、finalize 过程中的信息输出到服务器日志上。

5.4 聚合命令

MongoDB 为在集合上执行基本的聚合任务提供了一些命令。这些命令在聚合框架出现之前就已经存在了，现在(大多数情况下)已经被聚合框架取代。然而，复杂的 group 操作可能仍然需要使用 JavaScript，count 和 distinct 操作可以被简化为普通命令，不需要使用聚合框架。

5.4.1 count

count 是最简单的聚合工具，用于返回集合中的文档数量：
首先清空 foo 中所有文档：

```
> db.foo.drop()
true
```

使用 count：

```
> db.foo.count()
0
> db.foo.insert({"x": 1})
> db.foo.count()
1
```

不论集合有多大，count 都会很快返回总的文档数量。
也可以给 count 传递一个查询文档，Mongo 会计算查询结果的数量：

```
> db.foo.insert({"x": 2})
> db.foo.count()
2
```

```
> db.foo.count({"x" : 1})
1
```

对分页显示来说总数非常必要:"共 439 个,目前显示 0~10 个。"但是,增加查询条件会使 count 变慢。count 可以使用索引,但是索引并没有足够的元数据供 count 使用,所以不如直接使用查询方便。

5.4.2 distinct

distinct 用来找出给定键的所有不同值。使用时必须指定集合和键。首先清空 people 中的所有文档:

```
> db.people.drop()
true
```

假设集合中有如下文档:

```
{"name" : "Ada", "age" : 20}
{"name" : "Fred", "age" : 35}
{"name" : "Susan", "age" : 60}
{"name" : "Andy", "age" : 35}
```

如果对"age"键使用 distinct,会得到所有不同的年龄:

```
> db.runCommand({"distinct" : "people", "key" : "age"}){
"values" : [
    20,
    35,
    60
],
"stats" : {
    "n" : 4,
    "nscanned" : 0,
    "nscannedObjects" : 4,
    "timems" : 0,
    "planSummary" : "COLLSCAN"
},
"ok" : 1
}
```

这里还有一个常见问题：有没有办法获得集合里面所有不同的键呢？MongoDB 并没有直接提供这样的功能，但是可以用 MapReduce 自己写一个。

5.4.3 group

使用 group 可以执行更复杂的聚合。先选定分组所依据的键，而后 MongoDB 就会将集合依据选定键的不同值分成若干组。然后可以对每一个分组内的文档进行聚合，得到一个结果文档。

【注】如果熟悉 SQL，那么这个 group 和 SQL 中的 GROUP BY 差不多。

假设现在有个跟踪股票价格的站点。从上午 10 点到下午 4 点每隔几分钟就会更新某只股票的价格，并保存在 MongoDB 中。现在报表程序想要获得近 30 天的收盘价，用 group 就可以轻松办到。

股价集合中包含数以千计如下形式的文档：

{ "_id"：ObjectId（"55c07c18ee3ba373c5d7ee5d"），"day"："2015-8-4"，"time"："Tue Aug 04 2015 16：47：20 GMT+0800（CST）"，"price"：4.01 }
{ "_id"：ObjectId（"55c07c1eee3ba373c5d7ee5e"），"day"："2015-8-4"，"time"："Tue Aug 04 2015 16：47：26 GMT+0800（CST）"，"price"：4.05 }
{ "_id"：ObjectId（"55c07c22ee3ba373c5d7ee5f"），"day"："2015-8-4"，"time"："Tue Aug 04 2015 16：47：30 GMT+0800（CST）"，"price"：4.1 }
{ "_id"：ObjectId（"55c07c29ee3ba373c5d7ee60"），"day"："2015-8-4"，"time"："Tue Aug 04 2015 16：47：37 GMT+0800（CST）"，"price"：4 }

【注】由于精度的问题，实际使用中不要将金额以浮点数的方式存储，这个例子只是为了简便才这么做。

我们需要的结果列表中应该包含每天的最后交易时间和价格，就像下面这样：

[
{"time"："10/3/2010 05：00：23 GMT-400"，"price"：4.10}，
{"time"："10/4/2010 11：28：39 GMT-400"，"price"：4.27}，
{"time"："10/6/2010 05：27：58 GMT-400"，"price"：4.30}
]

先把集合按照"day"字段进行分组，然后在每个分组中查找"time"值最大的文档，将其添加到结果集中就完成了。整个过程如下所示：

> db.runCommand({"group"：{
... "ns"："stocks"，

```
...         "key":{"day":true},
...         "initial":{"time":"0"},
...         "$reduce":function(doc,prev){
...             if(doc.time > prev.time){
...                 prev.price = doc.price;
...                 prev.time = doc.time;
...             }
...         }
...}})
{
 "retval":[
    {
        "day":"2015-8-4",
        "time":"Tue Aug 04 2015 16:47:37 GMT+0800（CST）",
        "price":4
    },
    {
        "day":"2015-8-3",
        "time":"Tue Aug 04 2015 16:49:25 GMT+0800（CST）",
        "price":4
    },
    {
     "day":"2015-8-2",
     "time":"Tue Aug 04 2015 16:49:38 GMT+0800（CST）",
     "price":3
    }
 ],
 "count":NumberLong(6),
 "keys":NumberLong(3),
 "ok":1
}
```

把这个命令分解开为：

（1）"ns":"stocks"

指定要进行分组的集合。

（2）"key":{"day":true}

指定文档分组依据的键。这里就是"day"键。所有"day"值相同的文档被分到一组。

（3）"initial":{"time":"0"}

5 聚 合

每一组 reduce 函数调用中的初始"time"值，会作为初始文档传递给后续过程。每一组的所有成员都会使用这个累加器，所以它的任何变化都可以保存下来。

(4) "$reduce": function(doc, prev) { ... }

这个函数会在集合内的每个文档上执行。系统会传递两个参数：当前文档和累加器文档(本组当前的结果)。本例中，想让 reduce 函数比较当前文档的时间和累加器的时间。如果当前文档的时间更晚一些，则将累加器的日期和价格替换为当前文档的值。别忘了，每一组都有一个独立的累加器，所以不必担心不同日期的命令会使用同一个累加器。

如果不需要这么详细的返回结果的话，只需要用集合的 group 方法即可：

```
> db.stocks.group({
...     "key": {"day": true},
...     "initial": {"time": "0"},
...     "reduce": function(doc, prev) {
...           if (doc.time > prev.time) {
...                 prev.price = doc.price;
...                 prev.time = doc.time;
...           }
...     },
...     "condition": {"day": {"$gte": "2009/12/31"}}
... });
[
  {
    "day": "2015-8-4",
    "time": "Tue Aug 04 2015 16：47：37 GMT+0800（CST)",
    "price": 4
  },
  {
    "day": "2015-8-3",
    "time": "Tue Aug 04 2015 16：49：25 GMT+0800（CST)",
    "price": 4
  },
  {
    "day": "2015-8-2",
    "time": "Tue Aug 04 2015 16：49：38 GMT+0800（CST)",
  }
]
"price": 3
```

5.4 聚合命令

1) 使用完成器

完成器(finalizer)用于精简从数据库传到用户的数据，这个步骤非常重要，因为group命令的输出结果需要能够通过单次数据库响应返回给用户。为进一步说明，这里举个博客的例子，其中每篇文章都有多个标签(tag)。现在要找出每天最热门的标签。可以(再一次)按天分组，得到每一个标签的计数。就像下面这样：

```
> db.posts.find()
{ "_id" : ObjectId("55c08486e3b30cab36b00a6a"), "day" : "2015-8-5", "tag" :
[ "a", "b", "c" ] } { "_id" : ObjectId("55c084dde3b30cab36b00a6b"), "day" : "2015-8-
4", "tag" : [ "a", "b", "c", "c" ] } { "_id" : ObjectId("55c084e3e3b30cab36b00a6c"),
"day" : "2015-8-4", "tag" : [ "a", "b", "c", "c" ] } { "_id" : ObjectId
("55c084e9e3b30cab36b00a6d"), "day" : "2015-8-4", "tag" : [ "a", "b", "c", "a" ] }
>db.posts.group({
... "key" : {"day" : true},
... "initial" : {"tags" : {}},
... "$reduce" : function(doc, prev) {
... for (i in doc.tag) {
... if (doc.tag[i] in prev.tags) {
... prev.tags[doc.tag[i]]++;
... } else {
... prev.tags[doc.tag[i]] = 1;
... }
... }
... }})
```

得到的结果如下所示：

```
[
    {
        "day" : "2015-8-5",
        "tags" : {
            "a" : 1,
            "b" : 1,
            "c" : 1
        }
    },
    {
        "day" : "2015-8-4",
```

```
            "tags" : {
                "a" : 4,
                "b" : 3,
                "c" : 5
            }
        }
    ]
```

接着可以在客户端找出"tag"文档中出现次数最多的标签。然而，向客户端发送每天所有的标签文档需要许多额外的开销——每天所有的键/值对都被传送给用户、而我们需要的仅仅是一个字符串。这也就是 group 有一个可选的"finalize"键的原因。"finalize"可以包含一个函数，在每组结果传递到客户端之前调用一次。可以使用"finalize"函数将不需要的内容从结果集中移除：

```
db.runCommand(
  {
    "group" :
    {
      "ns" : "posts",
      "key" : {"day" : true},
      "initial" : {"tags" : {}},
      "$reduce" : function(doc, prev)
      {
        for (i in doc.tag)
        {
          if (doc.tag[i] in prev.tags)
          {
            prev.tags[doc.tag[i]]++;
          } else
          {
            prev.tags[doc.tag[i]] = 1;
          }
        }
      },
      "finalize" : function(prev)
      {
        var mostPopular = 0;
        for (i in prev.tags)
```

```
                    }
                            if (prev.tags[i] > mostPopular)
                            {
                                prev.tag = i;
                                mostPopular = prev.tags[i];
                            }
                    }
                delete prev.tags;
            }
        }
    }
)
```

现在，我们就得到了想要的信息，服务器返回的内容可能如下：

```
{
    "retval" : [
        {
            "day" : "2015-8-5",
            "tag" : "a"
        },
        {
            "day" : "2015-8-4",
            "tag" : "c"
        }
    ],
    "count" : NumberLong(4),
    "keys" : NumberLong(2),
    "ok" : 1
}
```

finalize 可以对传递进来的参数进行修改，也可以返回一个新值。

2) 将函数作为键使用

有时分组所依据的条件可能会非常复杂，而不是单个键。比如要使用 group 计算每个类别有多少篇博客文章(每篇文章只属于一个类别)。由于不同作者的风格不同，填写分类名称时可能有人使用大写也有人使用小写。所以，如果要是按类别名来分组，最后"MongoDB"和"mongodb"就是两个完全不同的组。为了消除这种大小写的影响，就要定义一个函数来决定文档分组所依据的键。定义分组函数就要用到 $keyf 键（注意不是"key"），使用"$keyf"的 group 命令如下所示：

> db. posts. group({"ns" : "posts" ,
... "$keyf" : function(x) { return x. category. toLowerCase( ) ; },
... "initializer" : ... })

有了"$keyf"，就能依据各种复杂的条件进行分组了。

6 创建副本集

本章介绍 MongoDB 的复制系统：副本集(replica set)。主要内容如下：
(1)副本集的概念；
(2)副本集的创建方法；
(3)副本集成员的可用选项。

6.1 复制简介

之前我们使用的一直是单台服务器，一个 mongod 服务器进程。如果只是用作学习和开发，这是可以的，但是如果用到生产环境中，风险会很高：如果服务器崩溃了或者不可访问了怎么办？数据库至少会有一段时间不可用。如果是硬件出了问题，可能需要将数据转移到另一个机器上。在最坏的情况下，磁盘或者网络问题可能会导致数据损坏或者数据不可访问。

使用复制可以将数据副本保存到多台服务器上，建议在所有的生产环境中都要使用。使用 MongoDB 的复制功能，即使一台或多台服务器出错，也可以保证应用程序正常运行和数据安全。

在 MongoDB 中，创建一个副本集之后就可以使用复制功能了。副本集是一组服务器，其中有一个主服务器(primary)，用于处理客户端请求；还有多个备份服务器(secondary)，用于保存主服务器的数据副本。如果主服务器崩溃了，备份服务器会自动将其中一个成员升级为新的主服务器。

使用复制功能时，如果有一台服务器宕机了，仍然可以从副本集的其他服务器上访问数据。如果服务器上的数据损坏或者不可访问，可以从副本集的某个成员中创建一份新的数据副本。

本节主要介绍副本集以及如何在系统上建立复制功能。有几个关键的概念需要注意：
1)客户端在单台服务器上可以执行的请求，都可以发送到主节点执行(读、写、执行命令、创建索引等)。
2)客户端不能在备份节点上执行写操作。
3)默认情况下，客户端不能从备份节点中读取数据。在备份节点上显式地执行 setSlaveOk 之后，客户端就可以从备份节点中读取数据了。理解这些基本知识之后，本章剩余的部分是集中讲述在各种实际情况下应该如何配置副本集。

6.2 配置副本集

在实际的部署中,需要在多台机器之间建立复制功能。本章会完整建立一个真实场景下的副本集,你在自己的应用程序中可以直接使用。图 6.1 为三个服务器地址:

黄帅_虚拟机 1_mongodb	192.168.30.89	UiccZone	Running
黄帅_虚拟机 2_mongodb	192.168.30.160	UiccZone	Running
黄帅_虚拟机 3_mongodb	192.168.30.184	UiccZone	Running

图 6.1 分布式服务器配置

【注】每台服务器应该开放 27017 端口,或者使用 service iptables stop 命令直接关闭防火墙。

假设现在有一个运行在 server-1(192.168.30.89):27017 上的单个 mongod 实例,其中已经有一些数据(如果数据库中现在没有数据也没关系,只是数据目录会为空而已)。首先要为副本集选定一个名字,名字可以是任意的 UTF-8 字符串。

选好名称之后,使用 --replSet name 选项重新启动 server-1(192.168.30.89)服务器。例如:

```
$ mongod --replSet spock
```

现在,使用同样的 replSet 和标示符(spock)再启动两个 mongod 服务器作为副本集中的其他成员。

只有第一个副本集成员拥有数据,其他成员的数据目录都是空的。只要将后两个成员添加到副本集中,它们就会自动克隆第一个成员的数据。

现在应该有 3 个分别运行在不同服务器上的 mongod 实例了。但是,每个 mongod 都不知道有其他 mongod 存在。为了让每个 mongod 能够知道彼此的存在,需要创建一个配置文件,在配置文件中列出每一个成员,并且将配置文件发送给 server-1,然后 server-1 会负责将配置文件传播给其他成员。

首先创建配置文件。

```
# mongo --nodb
> config = {
... "_id":"spock",
... "members" : [
... {"_id": 0,"host":"192.168.30.89:27017"}, //(此处的 IP 地址需根据实
```

际情况做修改)

  ...{"_id": 1,"host":"192.168.30.160：27017"},
  ...{"_id": 2,"host":"192.168.30.184：27017"}
  ...]
  ...}

  这个配置文档中有几个重要的部分。"_id"字段的值就是启动时从命令行传递进来的副本集名称(在本例中是"spock")。一定要保证这个名称与启动时传入的名称一致。

  这个文档的剩余部分是一个副本集成员数组。其中每个元素都需要两个字段：一个唯一的数值类型的"_id"字段和一个主机名。

  这个config对象就是副本集的配置，现在需要将其发送给其中一个副本集成员。为此，连接到一个有数据的服务器(server-1：27017)，使用config对象对副本集进行初始化：

  > db = (new Mongo("192.168.30.89：27017")).getDB("test")
  test
  > rs.initiate(config)
  {"ok": 1}

  server-1(192.168.30.89)会解析这个配置对象，然后向其他成员发送消息，提醒它们使用新的配置。所有成员都配置完成之后，它们会自动选出一个主节点，然后就可以正常处理读写请求了。

  spock：OTHER> db.isMaster()
  {
   "setName": "spock",
   "setVersion": 1,
   "ismaster": true,
   "secondary": false,
   "hosts": [
   "192.168.30.89：27017",
   "192.168.30.160：27017",
   "192.168.30.184：27017"
   ],
   "primary": "192.168.30.89：27017",
   "me": "192.168.30.89：27017",
   "electionId": ObjectId("55c85d49b2fc7e601f9fabbd"),
   "maxBsonObjectSize": 16777216,

```
"maxMessageSizeBytes" : 48000000,
"maxWriteBatchSize" : 1000,
"localTime" : ISODate("2015-08-10T08：14：38.290Z"),
"maxWireVersion" : 3,
"minWireVersion" : 0,
"ok" : 1
}
```

【注】无法将单机服务器转换为副本集，除非停机重启并进行初始化。即使只有一个服务器，可能你也想将它配置为一个只有一个成员的副本集。有了这样一个副本集之后，继续添加更多的成员时就不需要停机了。

如果正在创建一个全新的副本集，可以将配置文件发送给副本集的任何一个成员。如果副本集中已经有一个有数据的成员，那就必须将配置对象发送给这个拥有数据的成员。如果拥有数据的成员不止一个，那么就无法初始化副本集。

6.2.1 rs 辅助函数

注意上面的 rs.initiate() 命令中的 rs。rs 是一个全局变量，其中包含与复制相关的辅助函数(可以执行 rs.help() 查看可用的辅助函数)。这些函数大多只是数据库命令的包装器。例如，下面的数据库命令与 rs.initiate(config) 是等价的：

```
> db.adminCommand({"replSetInitiate" : config})
```

对辅助函数和底层的数据库命令都做一些了解是非常有用的，有时直接使用数据库命令比使用辅助函数要简单。

6.2.2 网络注意事项

副本集内的每个成员都必须能够连接到其他所有成员(包括自身)。如果遇到某些成员不能到达其他运行中成员的错误，就需要更改网络配置以便各个成员能够相互连通。

另外，副本集的配置中不应该使用 localhost 作为主机名。如果所有副本集成员都运行在同一台机器上，那么 localhost 可以被正确解析，但是运行在一台机器上的副本集意义不大；如果副本集是运行在多台机器上的，那么 localhost 就无法被解析为正确的主机名。MongoDB 允许副本集的所有成员都运行在同一台机器上，这样可以方便在本地测试，但是如果在配置中混用 localhost 和非 localhost 主机名的话，MongoDB 会给出警告。

6.3 修改副本集配置

可以随时修改副本集的配置：可以添加或者删除成员，也可以修改已有的成员。很多常用操作有对应的 shell 辅助函数，比如，可以使用 rs.add 为副本集添加新成员：

```
> rs.add("server-4：27017")
```

类似地，也可以从副本集中删除成员：

```
spock：PRIMARY> rs.remove("192.168.30.160：27017")
{"ok"：1}
```

可以在 shell 中执行 rs.config() 来查看配置修改是否成功。这个命令可以打印出副本集当前使用的配置信息：

```
spock：PRIMARY> rs.config()
{
 "_id"："spock",
 "version"：2,
 "members"：[
    {
        "_id"：0,
        "host"："192.168.30.89：27017",
        "arbiterOnly"：false,
        "buildIndexes"：true,
        "hidden"：false,
        "priority"：1,
        "tags"：{
        },
        "slaveDelay"：0,
        "votes"：1
    },
    {
        "_id"：2,
        "host"："192.168.30.184：27017",
        "arbiterOnly"：false,
        "buildIndexes"：true,
        "hidden"：false,
        "priority"：1,
        "tags"：{
        },
        "slaveDelay"：0,
        "votes"：1
    }
```

```
    ],
    "settings" : {
      "chainingAllowed" : true,
      "heartbeatTimeoutSecs" : 10,
      "getLastErrorModes" : {
      },
      "getLastErrorDefaults" : {
            "w" : 1,
            "wtimeout" : 0
      }
    }
}
```

每次修改副本集配置时，"version"字段都会自增，它的初始值为 1。除了对副本集添加或者删除成员，也可以修改现有的成员。为了修改副本集成员，可以在 shell 中创建新的配置文档，然后调用 rs.reconfig。首先在 shell 中得到当前使用的配置，然后修改相应的字段：

```
> var config = rs.config()
> config.members[1].host = "192.168.30.160：27017"
```

现在配置文件修改完成了，需要使用 rs.reconfig 辅助函数将新的配置文件发送给数据库：

```
> rs.reconfig(config)
```

再次查看当前配置，发现 members[1] 已修改完成。

```
> rs.config()
{
  "_id" : "spock",
  "version" : 3,
  "members" : [
    {
        "_id" : 0,
        "host" : "192.168.30.89：27017",
        "arbiterOnly" : false,
        "buildIndexes" : true,
        "hidden" : false,
```

```
            "priority" : 1,
            "tags" : {
            },
            "slaveDelay" : 0,
            "votes" : 1
        },
        {
            "_id" : 2,
            "host" : "192.168.30.160：27017",
            "arbiterOnly" : false,
            "buildIndexes" : true,
            "hidden" : false,
            "priority" : 1,
            "tags" : {
            },
            "slaveDelay" : 0,
            "votes" : 1
        }
    ],
    "settings" : {
    "chainingAllowed" : true,
    "heartbeatTimeoutSecs" : 10,
        "getLastErrorModes" : {
        },
        "getLastErrorDefaults" : {
            "w" : 1,
            "wtimeout" : 0
        }
    }
}
```

对于复杂的数据集配置修改，rs.reconfig 通常比 rs.add 和 rs.remove 更有用，比如修改成员配置或者是一次性添加或者删除多个成员。可以使用这个命令做任何合法的副本集配置修改：只需创建想要的配置文档然后将其传给 rs.reconfig。

6.4 设计副本集

为了能够设计自己的副本集，有一些特定的副本集相关概念需要熟悉。下一章会详细讲述这些内容。副本集中很重要的一个概念是"大多数"(majority)：选择主节点时需要由大多数决定，主节点只有在得到大多数支持时才能继续作为主节点，写操作被复制到大多数成员时这个写操作就是安全的。这里的大多数被定义为"副本中一半以上的成员"，如表 6.1 所示。

表 6.1　　　　　　　　　　　怎样才算大多数

副本集中的成员总数	副本集中的大多数
1	1
2	2
3	2
4	3
5	3
6	4
7	4

注意，如果副本集中有些成员掉线了或者是不可用，并不会影响"大多数"。因为"大多数"是基于副本集的配置来计算的。

假设有一个包含 5 个成员的副本集，其中 3 个成员不可用，仍然有 2 个可以正常工作，如图 6.2 所示。剩余的 2 个成员已经无法达到副本集"大多数"的要求（在这个例子中，至少要有 3 个成员才算"大多数"），所以它们无法选举主节点。如果这两个成员中有一个是主节点，当它注意到它无法得到"大多数"成员支持时，就会从主节点上退位。几秒钟之后，这个副本集中会包含 2 个备份节点和 3 个不可达成员。

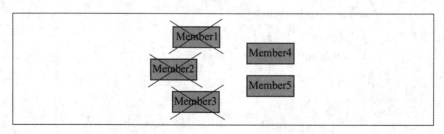

图 6.2　由于副本集中只有少数成员可用，所有成员都会变为备份节点

可能会有很多人觉得这样的规则不合理：为什么剩余的两个成员不能选举出主节点呢？问题在于，3 个不可达的成员并不一定是真的掉线了，可能只是由于网络问题造成不可达，如图 6.3 所示。在这种情况下，左边的 3 个成员可以选举出一个主节点，因为 3 个成员可以达到副本集成员的大多数（总共 5 个成员）。

在这种情况下，我们不希望两边的网络各自选举出一个主节点：那样的话副本集就会

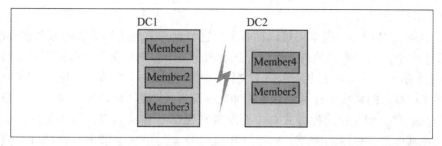

图 6.3 对于成员来说,左边的服务器会觉得右边的服务器掉线了,
右边的服务器也会觉得左边的服务器掉线了

拥有两个主节点了!两个主节点都可以写入数据,这样整个副本集的数据就会发生混乱。只有达到"大多数"的情况下才能选举或者维持主节点,这样要求是为了避免出现多个主节点。

通常只能有一个主节点,这对于副本集的配置是很重要的。例如,对于上面描述的 5 个成员来说,如果 1、2、3 位于同一个数据中心,而 4、5 位于另一个数据中心。这样,在第 1 个数据中心里,几乎总是可以满足"大多数"这个条件(这样就可以比较容易地判断出很可能是数据中心之间的网络错误,而不是数据中心内部的错误)。

一种常见的设置是使用 2 个成员的副本集(这通常不是你想要的):一个主节点和一个备份节点。假如其中一个成员不可用,另一个成员就看不到它,如图 6.4 所示。在这种情况下,网络任何一端都无法达到"大多数"的条件,所以这个副本集会退化为拥有两个备份节点(没有主节点)的副本集。因此,通常不建议使用这样的配置。

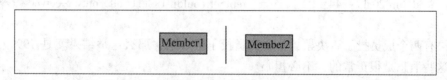

图 6.4 如果成员总数是偶数,成员平均分配到不同的网络中,
任何一边都无法满足"大多数"

下面是两种推荐的配置方式:

1)将"大多数"成员放在同一个数据中心。如果有一个主数据中心,而且你希望副本集的主节点总是位于主数据中心的话,这样的配置会比较好。只要主数据中心能够正常运转,就会有一个主节点。但是,如果主数据中心不可用了,那么备份数据中心的成员无法选举出主节点。

2)在两个数据中心各自放置数量相等的成员,在第三个地方放置一个用于决定胜负的副本集成员。如果两个数据中心同等重要,那么这种配置会比较好。因为任意一个数据中心的服务器都可以找到另一台服务器以达到"大多数"。但是,这样就需要将服务器分散到三个地方。

更复杂的需求需要使用不同的配置，一定要考虑清楚，出现不利情况时，副本集要如何达到"大多数"的要求。

如果 MongoDB 的一个副本集可以拥有多个主节点，上面这些复杂问题就迎刃而解了。但是，多个主节点会带来其他的复杂性。拥有两个主节点的情况下，就需要处理写入冲突（例如，A 在第一个主节点上更新了一个文档，而 B 在另一个主节点上删除了这个文档）。在支持多线程写入的系统中有两种常见的冲突处理方式：手工解决冲突或者是让系统任选一个作为"赢家"。但是这两种方式对于开发者来说都不容易实现，因为无法确保写入的数据不会被其他节点修改。因此，MongoDB 选择只支持单一主节点。这样可以使开发更容易，但是当副本集被设为只读时，将导致程序暂时无法写入数据。

选举机制

当一个备份节点无法与主节点连通时，它就会联系并请求其他的副本集成员将自己选举为主节点。其他成员会做几项理性的检查：自身是否能够与主节点连通？希望被选举为主节点的备份节点的数据是否最新？有没有其他更高优先级的成员可以被选举为主节点？

如果要求被选举为主节点的成员能够得到副本集中"大多数"成员的投票，它就会成为主节点。即使"大多数"成员中只要有一个否决了本次选举，选举就会取消。如果成员发现任何原因，表明当前希望成为主节点的成员不应该成为主节点，那么它就会否决此次选举。

在日志中可以看到得票数为比较大的负数的情况，因为一张否决票相当于 10 000 张赞成票。如果某个成员投赞成票，另一个成员投否决票，那么就可以在消息中看到选举结果为-9999 或者是比较相近的负数值。

```
Wed Jun 20 17：44：02 [rsMgr] replSet info electSelf 1
Wed Jun 20 17：44：02 [rsMgr] replSet couldn't elect self, only received -9999 votes
```

如果有两个成员投了否决票，一个成员投了赞成票，那么选举结果就是-19999，依次类推。这些消息是很正常的，不必担心。

希望成为主节点的成员（候选人）必须使用复制将自己的数据更新为最新，副本集中的其他成员会对此进行检查。复制操作是严格按照时间排序的，所以候选人的最后一条操作要比它能连通的其他所有成员更晚（或者与其他成员相等）。

假设候选人执行的最后一个复制操作是 123。它能连通的其他成员中有一个的最后复制操作是 124，那么这个成员就会否决候选人的选举。这时候选人会继续进行数据同步，等它同步到 124 时，它会重新请求选举（如果那时整个副本集中仍然没有主节点）。在新一轮的选举中，假如候选人没有其他不合规之处，之前否决它的成员就会为它投赞成票。

假如候选人得到了"大多数"的赞成票，它就会成为主节点。还有一点需要注意：每个成员都只能要求自己被选举为主节点。简单起见，不能推荐其他成员被选举为主节点，只能为申请成为主节点的候选人投票。

6.5 同步

复制用于在多台服务器之间备份数据。MongoDB 的复制功能是使用操作日志 oplog 实现的，操作日志包含了主节点的每一次写操作。oplog 是主节点的 local 数据库中的一个固定集合。备份节点通过查询这个集合就可以知道需要进行复制的操作。

每个备份节点都维护着自己的 oplog，记录着每一次从主节点复制数据的操作。这样，每个成员都可以作为同步源提供给其他成员使用，如图 6.5 所示。备份节点从当前使用的同步源中获取需要执行的操作，然后在自己的数据集上执行这些操作，最后再将这些操作写入自己的 oplog。如果遇到某个操作失败的情况(只有当同步源的数据损坏或者数据与主节点不一致时才可能发生)，那么备份节点就会停止从当前的同步源复制数据。

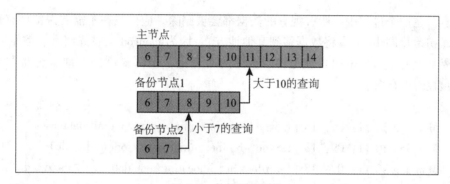

图 6.5　数据同步操作

如果某个备份节点由于某些原因掉线了，当它重新启动之后，就会自动从 oplog 中最后一个操作开始进行同步。由于复制操作的过程是先复制数据再写入 oplog，所以，备份节点可能会在已经同步过的数据上再次执行复制操作。MongoDB 在设计之初就考虑到了这种情况：将 oplog 中的同一个操作执行多次，与只执行一次的效果是一样的。

由于 oplog 大小是固定的，它只能保存特定数量的操作日志。通常，oplog 使用空间的增长速度与系统处理写请求的速率近乎相同：如果主节点上每分钟处理了 1 KB 的写入请求，那么 oplog 很可能也会在一分钟内写入 1 KB 条操作日志。但是，有一些例外情况：如果单次请求能够影响到多个文档(比如删除多个文档或者是多文档更新)，oplog 中就会出现多条操作日志。如果单个操作会影响多个文档，那么每个受影响的文档都会对应 oplog 中的一条日志。因此，如果执行 db.coll.remove() 删除了 1 000 000 个文档，那么 oplog 中就会有 1 000 000 条操作日志，每条日志对应一个被删除的文档。如果执行大量的批量操作，oplog 很快就会被填满。

6.5.1　初始化同步

副本集中的成员启动之后，就会检查自身状态，确定是否可以从某个成员那里进行同步。如果不行的话，它会尝试从副本的另一个成员那里进行完整的数据复制。这个过程就

6 创建副本集

是初始化同步(initial syncing),包括几个步骤,可以从 mongod 的日志中看到。

1)首先,这个成员会做一些记录前的准备工作:选择一个成员作为同步源,在 local.me 中为自己创建一个标识符,删除所有已存在的数据库,以一个全新的状态开始进行同步:

```
Mon Jan 30 11:09:18 [rsSync] replSet initial sync pending
Mon Jan 30 11:09:18 [rsSync] replSet syncing to: server-1:27017
Mon Jan 30 11:09:18 [rsSync] build index local.me { _id: 1 }
Mon Jan 30 11:09:18 [rsSync] build index done 0 records 0 secs
Mon Jan 30 11:09:18 [rsSync] replSet initial sync drop all databases
Mon Jan 30 11:09:18 [rsSync] dropAllDatabasesExceptLocal 1
```

注意,在这个过程中,所有现有的数据都会被删除。应该只在不需要保留现有数据的情况下做初始化同步(或者将数据移到其他地方),因为 mongod 会首先将现有数据删除。

2)然后是克隆(cloning),就是将同步源的所有记录全部复制到本地。这通常是整个过程中最耗时的部分:

```
Mon Jan 30 11:09:18 [rsSync] replSet initial sync clone all databases
Mon Jan 30 11:09:18 [rsSync] replSet initial sync cloning db: db1
Mon Jan 30 11:09:18 [fileAllocator] allocating new datafile /data/db/db1.ns,
   filling with zeroes...
```

3)然后就进入 oplog 同步的第一步,克隆过程中的所有操作都会被记录到 oplog 中。如果有文档在克隆过程中被移动了,就可能会被遗漏,导致没有被克隆,对于这样的文档,可能需要重新进行克隆:

```
Mon Jan 30 15:38:36 [rsSync] oplog sync 1 of 3
Mon Jan 30 15:38:36 [rsBackgroundSync] replSet syncing to: server-1:27017
Mon Jan 30 15:38:37 [rsSyncNotifier] replset setting oplog notifier to server-1:27017
Mon Jan 30 15:38:37 [repl writer worker 2] replication update of non-mod failed:
  { ts: Timestamp 1352215827000|17, h: -5618036261007523082, v: 2, op: "u",
  ns: "db1.someColl", o2: { _id: ObjectId('50992a2a7852201e750012b7') }, o: { $set: {
  count.0: 2, count.1: 0 } } }
Mon Jan 30 15:38:37 [repl writer worker 2] replication info adding missing object
Mon Jan 30 15:38:37 [repl writer worker 2] replication missing object not found on
source. presumably deleted later in oplog
```

上面是一个比较粗略的日志，显示了有文档需要重新克隆的情况。在克隆过程中也可能不会遗漏文档，这取决于流量等级和同步源上的操作类型。

4）接下来是 oplog 同步过程的第二步，用于将第一个 oplog 同步中的操作记录下来。

  Mon Jan 30 15：39：41 [rsSync] oplog sync 2 of 3

这个过程比较简单，也没有太多的输出。只有在没有东西需要克隆时，这个过程才会与第一个不同。

5）到目前为止，本地的数据应该与主节点在某个时间点的数据集完全一致了，可以开始创建索引了。

如果集合比较大，或者要创建的索引比较多，这个过程会很耗时间：

  Mon Jan 30 15：39：43 [rsSync] replSet initial sync building indexes
  Mon Jan 30 15：39：43 [rsSync] replSet initial sync cloning indexes for：db1
  Mon Jan 30 15：39：43 [rsSync] build index db.allObjects { someColl：1 }
  Mon Jan 30 15：39：44 [rsSync] build index done. scanned 209844 total records. 1.96 secs

6）如果当前节点的数据仍然远远落后于同步源，那么 oplog 同步过程的最后一步就是将创建索引期间的所有操作全部同步过来，防止该成员成为备份节点。

  Tue Nov 6 16：05：59 [rsSync] oplog sync 3 of 3

7）现在，当前成员已经完成了初始化同步，切换到普通同步状态，这时当前成员就可以成为备份节点了：

  Mon Jan 30 16：07：52 [rsSync] replSet initial sync done
  Mon Jan 30 16：07：52 [rsSync] replSet syncing to：server-1：27017
  Mon Jan 30 16：07：52 [rsSync] replSet SECONDARY

如果想跟踪初始化同步过程，最好的方式就是查看服务器日志。

从操作者的角度来说，初始化同步是非常简单的：使用空的数据目录启动 mongod 即可。但是，更多时候可能需要从备份中恢复而不是进行初始化同步。从备份中恢复的速度比使用 mongod 复制全部数据的速度快得多。

克隆也可能损坏同步源的工作集（working set）。实际部署之后，可能会有一个频繁使用的数据子集常驻内存（因为操作系统要频繁访问这个子集）。执行初始化同步时，会强制将当前成员的所有数据分页加载到内存中，这会导致需要频繁访问的数据不能常驻内存，所以会导致很多请求变慢，因为原本只要在 RAM（内存）中就可以处理的数据要先从磁盘上加载。不过，对于比较小的数据集和性能比较好的服务器，初始化同步仍然是个简单易用的选项。

在初始化同步过程中经常遇到的问题是，克隆或者创建索引耗费了太长的时间。这种情况下，新成员就与同步源的 oplog "脱节"：新成员远远落后于同步源，导致新成员的数据同步速度赶不上同步源的变化速度，同步源可能会将新成员需要复制的某些数据覆盖掉。

这个问题没有有效的解决办法，除非在不太忙时执行初始化同步，或者是从备份中恢复数据。如果新成员与同步源的 oplog 脱节，初始化同步就无法正常进行。下一节会更深入地介绍。

6.5.2 处理陈旧数据

如果备份节点远远落后于同步源当前的操作，那么这个备份节点就是陈旧的（stale）。陈旧的备份节点无法跟上同步源的节奏，因为同步源上的操作领先太多，如果要继续进行同步，备份节点需要跳过一些操作。如果备份节点曾经停机过，写入量超过了自身处理能力，或者是有太多的读请求，这些情况都可能导致备份节点陈旧。

当一个备份节点陈旧之后，它会查看副本集中的其他成员，如果某个成员的 oplog 足够详尽，可以用于处理那些落下的操作，就从这个成员处进行同步。如果任何一个成员的 oplog 都没有参考价值，那么这个成员上的复制操作就会中止，这个成员需要重新进行完全同步（或者是从最近的备份中恢复）。

为了避免陈旧备份节点的出现，让主节点使用比较大的 oplog 保存足够多的操作日志是很重要的。大的 oplog 会占用更多的磁盘空间。通常来说，这是一个比较好的折中选择，因为磁盘会越来越便宜，而且实际中使用的 oplog 只有一小部分，因此 oplog 不会占用太多 RAM。

6.6 心跳

每个成员都需要知道其他成员的状态：哪个是主节点？哪个可以作为同步源？哪个挂掉了？为了维护集合的最新视图，每个成员每隔两秒钟就会向其他成员发送一个心跳请求（heartbeat request）。心跳请求的信息量非常小，用于检查每个成员的状态。

心跳最重要的功能之一就是让主节点知道自己是否满足集合"大多数"的条件。如果主节点不再得到"大多数"服务器的支持，它就会退位，变成备份节点。

成员状态

各个成员会通过心跳将自己的当前状态告诉其他成员。我们已经讨论过两种状态：主节点和备份节点。还有其他一些常见状态。

1) STARTUP

成员刚启动时处于 STARTUP 状态。在这个状态下，MongoDB 会尝试加载成员的副本集配置。配置加载成功之后，就进入 STARTUP2 状态。

2) STARTUP2

整个初始化同步过程都处于这个状态，但是如果在普通成员上，这个状态只会持续几秒钟。在这个状态下，MongoDB 会创建几个线程，用于处理复制和选举，然后就会切换到 RECOVERING 状态。

3）RECOVERING

这个状态表明成员运转正常，但是暂时还不能处理读取请求。如果有成员处于这个状态，可能会造成轻微的系统过载，以后可能会经常见到。

启动时，成员需要做一些检查以确保自己处于有效状态，之后才可以处理读取请求。在启动过程中，成为备份节点之前，每个成员都要经历 RECOVERING 状态。在处理非常耗时的操作时，成员也可能进入 RECOVERING 状态。

当一个成员与其他成员脱节时，也会进入 RECOVERING 状态。通常来说，这时这个成员处于无效状态，需要重新同步。但是，成员这时并没有进入错误状态，因为它期望发现一个拥有足够详尽 oplog 的成员，然后继续同步 oplog，最后回到正常状态。

4）ARBITER

在正常的操作中，仲裁者应该始终处于 ARBITER 状态。

系统出现问题时会处于下面这些状态。

5）DOWN

如果一个正常运行的成员变得不可达，它就处于 DOWN 状态。注意，如果有成员被报告为 DOWN 状态，它有可能仍然处于正常运行状态，不可达的原因可能是网络问题。

6）UNKNOWN

如果一个成员无法到达其他任何成员，其他成员就无法知道它处于什么状态，会将其报告为 UNKNOWN 状态。通常，这表明这个未知状态的成员掉线了，或者是两个成员之间存在网络访问问题。

7）REMOVED

当成员被移出副本集时，它就处于这个状态。如果被移出的成员又被重新添加到副本集中，它就会回到"正常"状态。

8）ROLLBACK

如果成员正在进行数据回滚，它就处于 ROLLBACK 状态。回滚过程结束时，服务器会转换为 RECOVERING 状态，然后成为备份节点。

9）FATAL

如果一个成员发生了不可挽回的错误，也不再尝试恢复正常的话，它就处于 FATAL 状态。应该查看详细日志来查明为何这个成员处于 FATAL 状态（使用" replSet FATAL" 关键词在日志上执行 grep，就可以找到成员进入 FATAL 状态的时间点）。这时，通常应该重启服务器，进行重新同步或者是从备份中恢复。

6.7 选 举

当一个成员无法到达主节点时，它就会申请被选举为主节点。希望被选举为主节点的成员，会向它能到达的所有成员发送通知。如果这个成员不符合候选人要求，其他成员可能会知道相关原因：这个成员的数据落后于副本集，或者是已经有一个运行中的主节点（那个力求被选举成为主节点的成员无法到达这个主节点）。在这些情况下，其他成员不会允许进行选举。

假如没有反对的理由，其他成员就会对这个成员进行选举投票。如果这个成员得到副本集中"大多数"赞成票，那么选举成功，它就会转换到主节点状态。如果达不到"大多数"的要求，那么选举失败，它仍然处于备份节点状态，之后还可以再次申请被选举为主节点。主节点会一直处于主节点状态，除非它由于不再满足"大多数"的要求或者掉线了而退位，另外，副本集被重新配置也会导致主节点退位。

假如网络状况良好，"大多数"服务器也都在正常运行，那么选举过程是很快的。如果主节点不可用，2秒钟（之前讲过，心跳的间隔是2秒）之内就会有成员发现这个问题，然后会立即开始选举，整个选举过程只会花费几毫秒。但是，实际情况可能不会这么理想：网络问题或者是服务器过载导致响应缓慢，都可能触发选举。在这种情况下，心跳会在最多20秒之后超时。如果选举打成平局，每个成员都需要等待30秒才能开始下一次选举。所以，如果有太多错误发生的话，选举可能会花费几分钟的时间。

6.8 回滚

根据上一节讲述的选举过程，如果主节点执行了一个写请求之后掉线了，但是备份节点还没来得及复制这次操作，那么新选举出来的主节点就会漏掉这次写操作。假如有两个数据中心，其中一个数据中心拥有一个主节点和一个备份节点，另一个数据中心拥有三个备份节点，如图6.6所示。

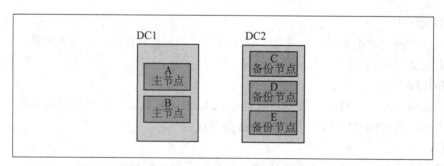

图6.6　一个可能的双数据中心配置

如果这两个数据中心之间出现了网络故障，如图6.7所示。其中左边第一个数据中心最后的操作是126，但是126操作还没有被复制到另一边的数据中心。

右边的数据中心仍然满足副本集"大多数"的要求（一共5台服务器，3台即可满足要求）。因此，其中一台服务器会被选举成为新的主节点，这个新的主节点会继续处理后续的写入操作，如图6.8所示。

网络恢复之后，左边数据中心的服务器就会从其他服务器开始同步126之后的操作，

6.8 回　滚

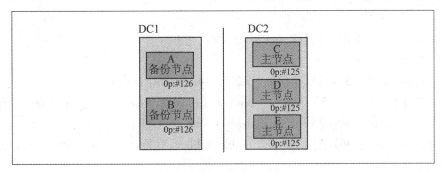

图 6.7　在不同数据中心之间进行复制比在单一数据中心要慢

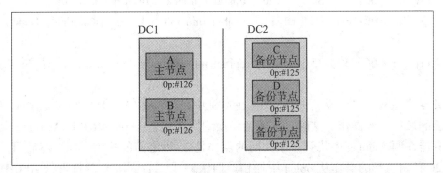

图 6.8　右边数据中心未能完成复制左边数据中心的写操作

但是无法找到这个操作。这种情况发生的时候，A 和 B 会进入回滚(rollback)过程。回滚会将失败之前未复制的操作撤销。拥有 126 操作的服务器会在右边数据中心服务器的 oplog 中寻找共同的操作点。之后会定位到 125 操作，这是两个数据中心相匹配的最后一个操作。图 6.9 显示了 oplog 的情况，两个成员的 oplog 有冲突：很显然，A 的 126~128 操作被复制之前，A 崩溃了，所以这些操作并没有出现在 B 中(B 拥有更多的最近操作)，A 必须先将 126~128 这 3 个操作回滚，然后才能重新进行同步。

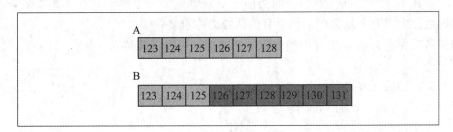

图 6.9　数据冲突示意图

这时，服务器会查看这些没有被复制的操作，将受这些操作影响的文档写入一个 .bson 文件，保存在数据目录下的 rollback 目录中。如果 126 是一个更新操作，服务器会将被126更新的文档写入 collectionName.bson 文件。然后会从当前主节点中复制这个文档。

下面是一次典型的回滚过程产生的日志：

　　Fri Oct 7 06：30：35 [rsSync] replSet syncing to：server-1
　　Fri Oct 7 06：30：35 [rsSync] replSet our last op time written：Oct 7 06：30：05：3
　　Fri Oct 7 06：30：35 [rsSync] replset source's GTE：Oct 7 06：30：31：1
　　Fri Oct 7 06：30：35 [rsSync] replSet rollback 0 Fri Oct 7 06：30：35 [rsSync] replSet ROLLBACK
　　Fri Oct 7 06：30：35 [rsSync] replSet rollback 1
　　Fri Oct 7 06：30：35 [rsSync] replSet rollback 2 findCommonPoint
　　Fri Oct 7 06：30：35 [rsSync] replSet info rollback our last optime：Oct 7 06：30：05：3
　　Fri Oct 7 06：30：35 [rsSync] replSet info rollback their last optime：Oct 7

服务器开始从另一个成员进行同步(在本例中是 server-1)，但是发现无法在同步源中找到自己的最后一次操作。这时，它就会切换到回滚状态(replSetROLLBACK)进行回滚。

服务器在两个 oplog 中找到一个共同的点，是26秒之前的一个操作。然后服务器就会将最近26秒内执行的操作从 oplog 中撤销。回滚完成之后，服务器就进入 RECOVERING 状态开始进行正常同步。

如果要将被回滚的操作应用到当前主节点，首先使用 mongorestore 命令将它们加载到一个临时集合：

　　$ mongorestore --db stage --collection stuff \
　　> /data/db/rollback/important.stuff.2012-12-19T18-27-14.0.bson

现在应该在 shell 中将这些文档与同步后的集合进行比较。例如，如果有人在被回滚的成员上创建了一个"普通"索引，而当前主节点创建了一个唯一索引，那么就需要确保被回滚的数据中没有重复文档，如果有的话要去除重复。

如果希望保留 staging 集合中当前版本的文档，可以将其载入主集合：

　　> staging.stuff.find().forEach(function(doc) {
　　... prod.stuff.insert(doc);
　　... })

对于只允许插入的集合，可以直接将被回滚的文档插入主集合。但是，如果是在集合上执行更新操作，在合并回滚数据时就要非常小心地对待。

一个经常会被误用的成员配置选项是设置每个成员的投票数量。改变成员的投票数量通常不会得到想要的结果,而且很可能会导致大量的回滚操作。除非做好了定期处理回滚的准备,否则不要改变成员的投票数量。

某些情况下,如果要回滚的内容太多,MongoDB 可能承受不了。如果要回滚的数据量大于 300 MB,或者要回滚 30 分钟以上的操作,回滚就会失败。对于回滚失败的节点,必须要重新同步。

这种情况最常见的原因是备份节点远远落后于主节点,而这时主节点却掉线了。如果其中一个备份节点成为主节点,这个主节点与旧的主节点相比,缺少很多操作。为了保证成员不会在回滚中失败,最好的方式是保持备份节点的数据尽可能最新。

7 分　片

本章介绍如何扩展 MongoDB：
(1) 分片和集群组件；
(2) 如何配置分片；
(3) 分片与应用程序的交互。

7.1 分片简介

分片(sharding)是指将数据拆分，将其分散存放在不同的机器上的过程。有时也用分区(partitioning)来表示这个概念。将数据分散到不同的机器上，不需要功能强大的大型计算机就可以储存更多的数据，处理更大的负载。

几乎所有数据库软件都能进行手动分片(manual sharding)。应用需要维护与若干不同数据库服务器的连接，每个连接还是完全独立的。应用程序管理不同服务器上不同数据的存储，还管理在合适的数据库上查询数据的工作。这种方法可以很好地工作，但是非常难以维护，比如向集群添加节点或从集群删除节点都很困难，调整数据分布和负载模式也不轻松。

MongoDB 支持自动分片(autosharding)，可以使数据库架构对应用程序不可见，也可以简化系统管理。对应用程序而言，好像始终在使用一个单机的 MongoDB 服务器一样。另一方面，MongoDB 自动处理数据在分片上的分布，也更容易添加和删除分片。不管从开发角度还是运营角度来说，分片都是最困难、最复杂的 MongoDB 配置方式。有很多组件可以用于自动配置、监控和数据转移。在尝试部署或使用分片集群之前，需要先熟悉前面章节中讲过的单机服务器和副本集。

7.2 理解集群的组件

MongoDB 的分片机制允许创建一个包含许多台机器(分片)的集群，将数据子集分散在集群中，每个分片维护着一个数据集合的子集。与单机服务器和副本集相比，使用集群架构可以使应用程序具有更强大的数据处理能力。

【注】许多人可能会混淆复制和分片的概念。记住，复制是让多台服务器都拥有同样的数据副本，每一台服务器都是其他服务器的镜像，而每一个分片都有其他分片拥有不同的数据子集。

7.2 理解集群的组件

分片的目标之一是创建一个拥有 5 台、10 台甚至 1 000 台机器的集群，整个集群对应用程序来说就像是一台单机服务器。为了对应用程序隐藏数据库架构的细节，在分片之前要先执行 mongos 进行一次路由过程。这个路由服务器维护着一个"内容列表"，指明了每个分片包含什么数据内容。应用程序只需要连接到路由服务器，就可以像使用单机服务器一样进行正常的请求了，如图 7.1 所示。路由服务器知道哪些数据位于哪个分片，可以将请求转发给相应的分片。每个分片对请求的响应都会发送给路由服务器，路由服务器将所有响应合并在一起，返回给应用程序。对应用程序来说，它只知道自己是连接到了一台单机 mongod 服务器，如图 7.2 所示。

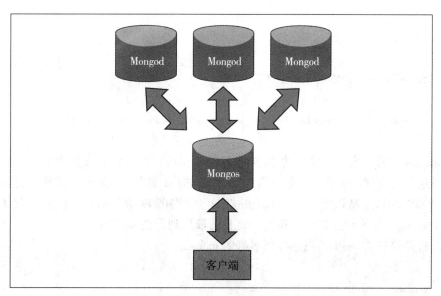

图 7.1 使用分片的连接

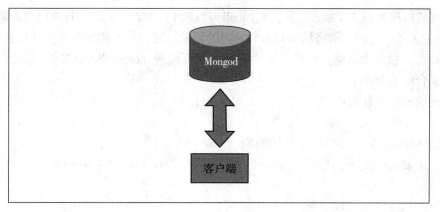

图 7.2 不使用分片的连接

7.3 快速建立一个简单的集群

本节会在单台服务器上快速建立一个集群。使用 service iptables stop 命令直接关闭防火墙。首先打开第一个 shell，使用 mongod 启动服务器：

```
#mongod
```

接着打开第二个 shell，使用 --nodb 选项启动 mongo shell：

```
# mongo --nodb
```

使用 ShardingTest 类创建集群：

```
> cluster = new ShardingTest({"shards" : 3, "chunksize" : 1})
```

chunksize 为分片大小，默认为 200M，目前来说可以简单将其设置为 1。

运行这个命令就会创建一个包含 3 个分片（mongod 进程）的集群，分别运行在 30000、30001、30002 端口。默认情况下，ShardingTest 会在 30999 端口启动 mongos。接下来就连接到这个 mongos 开始使用集群。集群会将日志输出到当前 shell 中。

然后打开第三个 shell 用来连接到集群的 mongos：

```
# mongo --nodb
> db = (new Mongo("localhost:30999")).getDB("test")
```

现在的情况如图 7.1 所示：客户端(shell)连接到了一个 mongos。现在就可以将请求发送给 mongos 了，它会自动将请求路由到合适的分片。客户端不需要知道分片的任何信息，比如分片数量和分片地址。只要有分片存在，就可以向 mongos 发送请求，它会自动将请求转发到合适的分片上。

首先插入一些数据：

```
mongos> for (var i=0; i<100000; i++){
... db.user.insert({"username" : "user"+i, "created_at" : new Date()});
... }
mongos> db.user.count()
100000
```

可以看到，与 mongos 进行交互与使用单机服务器完全一样，如图 7.2 所示。

运行 sh.status() 可以查看集群的状态：分片摘要信息、数据库摘要信息、集合摘要信息：

```
mongos> sh.status()
--- Sharding Status ---
sharding version: {
  "_id" : 1,
  "minCompatibleVersion" : 5,
  "currentVersion" : 6,
  "clusterId" : ObjectId("55c4eceb7c5a84e201fdf6b3")
}
shards:
{ "_id" : "shard0000",    "host" : "localhost:30000" }
{ "_id" : "shard0001",    "host" : "localhost:30001" }
{ "_id" : "shard0002",    "host" : "localhost:30002" }
balancer:
Currently enabled:   no
Currently running:   no
Failed balancer rounds in last 5 attempts:   0
Migration Results for the last 24 hours:
    No recent migrations
databases:
{ "_id" : "admin",   "partitioned" : false,   "primary" : "config" }
{ "_id" : "test",    "partitioned" : false,   "primary" : "shard0001" }
```

sh 命令与 rs 命令很像，除了它是用于分片。rs 是一个全局变量，其中定义了许多分片操作的辅助函数。可以运行 sh.help() 查看可以使用的辅助函数。如 sh.stats() 的输出所示，当前拥有 3 个分片，2 个数据库(其中 admin 数据库是自动创建的)。

与上面 sh.status() 的输出信息不同，test 数据库可能有一个不同的主分片(primary shard)。主分片是为每个数据库随机选择的，所有数据都会位于主分片上。MongoDB 现在还不能自动将数据分发到不同的分片上，因为它不知道你希望如何分发数据。必须要明确指定，对于每一个集合，应该如何分发数据。

【注】主分片与副本集中的主节点不同。主分片指的是组成分片的整个副本集。而副本集中的主节点是指副本集中能够处理写请求的单台服务器。

要对一个集合分片，首先要对这个集合的数据库启用分片，执行如下命令：

```
mongos > sh.enableSharding("test")
```

7 分 片

现在就可以对 test 数据库内的集合进行分片了。

对集合分片时,要选择一个片键(shard key)。片键是集合的一个键,MongoDB 根据这个键拆分数据。例如,如果选择基于"username"进行分片,MongoDB 会根据不同的用户名进行分片:"a1-steak-sauce"到"defcon"位于第一片,"defcon1"到"howie1998"位于第二片,以此类推。选择片键可以认为是选择集合中数据的顺序。它与索引是个相似的概念:随着集合的不断增长,片键就会成为集合上最重要的索引。只有被索引过的键才能够作为片键。

在启用分片之前,先在希望作为片键的键上创建索引:

```
mongos > db.user.ensureIndex({"username":1})
```

现在就可以依据"username"对集合分片了:

```
mongos > sh.shardCollection("test.user",{"username":1})
```

此处还应该打开均衡器:

```
mongos> sh.setBalancerState(true)
mongos> sh.getBalancerState()
true
```

尽管我们这里选择片键时并没有作太多考虑,但是在实际中应该仔细斟酌。

几分钟之后再次运行 sh.status(),可以看到,这次的输出信息比较多:

```
mongos> sh.status()
--- Sharding Status ---
sharding version: {
 "_id": 1,
 "minCompatibleVersion": 5,
 "currentVersion": 6,
 "clusterId": ObjectId("55c4eceb7c5a84e201fdf6b3")
}
 shards:
 { "_id": "shard0000", "host": "localhost:30000" }
 { "_id": "shard0001", "host": "localhost:30001" }
 { "_id": "shard0002", "host": "localhost:30002" }
 balancer:
 Currently enabled:  no
```

Currently running: no
Failed balancer rounds in last 5 attempts: 0
Migration Results for the last 24 hours:
        No recent migrations
databases:
{ "_id": "admin",   "partitioned": false,   "primary": "config" }
{ "_id": "test",   "partitioned": true,   "primary": "shard0001" }
test.user   shard key: { "username": 1 }   chunks: shard0001 22
        too many chunks to print, use verbose if you want to force print

可以看到输出当中最后一句: too many chunks to print, use verbose if you want to force print, 因此可以使用 sh.status("verbose") 获取详细信息:

```
mongos> sh.status("verbose") --- Sharding Status ---    sharding version: {
"_id": 1,
"minCompatibleVersion": 5,
"currentVersion": 6,
"clusterId": ObjectId("55c5500f9acb76eecbf07006")
}    shards:
{ "_id": "shard0000",   "host": "localhost:30000" }
{ "_id": "shard0001",   "host": "localhost:30001" }   { "_id": "shard0002",   "host": "localhost:30002" }   balancer:
Currently enabled: yes
Currently running: no
Failed balancer rounds in last 5 attempts: 0   Migration Results for the last 24 hours:
        14: Success
databases:
{ "_id": "admin",   "partitioned": false,   "primary": "config" }
{ "_id": "test",   "partitioned": true,   "primary": "shard0001" }
    test.user
        shard key: { "username": 1 }
        chunks:
            shard0000    7
            shard0001    7
            shard0002    7
        { "username": { "$minKey": 1 } } -->> { "username": "user1" } on: shard0000 Timestamp(2, 0)
```

149

{ "username" : "user1" } -->> { "username" : "user14210" } on: shard0002 Timestamp(3, 0)

{ "username" : "user14210" } -->> { "username" : "user18425" } on: shard0000 Timestamp(4, 0)

{ "username" : "user18425" } -->> { "username" : "user2214" } on: shard0002 Timestamp(5, 0)

{ "username" : "user2214" } -->> { "username" : "user26353" } on: shard0000 Timestamp(6, 0)

{ "username" : "user26353" } -->> { "username" : "user30566" } on: shard0002 Time stamp(7, 0)

{ "username" : "user30566" } -->> { "username" : "user34780" } on: shard0000 Timestamp(8, 0)

{ "username" : "user34780" } -->> { "username" : "user4020" } on: shard0002 Timestamp(9, 0)

{ "username" : "user4020" } -->> { "username" : "user44413" } on: shard0000 Timestamp(10, 0)

{ "username" : "user44413" } -->> { "username" : "user48628" } on: shard0002 Timestamp(11, 0)

{ "username" : "user48628" } -->> { "username" : "user52840" } on: shard0000 Timestamp(12, 0)

{ "username" : "user52840" } -->> { "username" : "user57054" } on: shard0002 Timestamp(13, 0)

{ "username" : "user57054" } -->> { "username" : "user6429" } on: shard0000 Timestamp(14, 0)

{ "username" : "user6429" } -->> { "username" : "user68502" } on: shard0002 Timestamp(15, 0)

{ "username" : "user68502" } -->> { "username" : "user72716" } on: shard0001 Timestamp(15, 1)

{ "username" : "user72716" } -->> { "username" : "user8" } on: shard0001 Timestamp(1, 24)

{ "username" : "user8" } -->> { "username" : "user84210" } on: shard0001 Timestamp(1, 25)

{ "username" : "user84210" } -->> { "username" : "user88424" } on: shard0001 Timestamp(1, 28)

{ "username" : "user88424" } -->> { "username" : "user92638" } on: shard0001 Timestamp(1, 29)

{ "username" : "user92638" } -->> { "username" : "user9999" } on: shard0001 Timestamp(1, 30) {"username": "user9999"} -->> {"username": {"$maxKey": 1}} on: shard0001 Timestamp(1, 27)

集合被分为了多个数据块,每一个数据块都是集合的一个数据子集。这些是按照片键的范围排列的({"username": minValue} -->> {"username": maxValue} 指出了每个数据块的数据范围)。通过查看输出信息中的"on": shard 部分,可以发现集合数据比较均匀地分布在不同分片上。

将集合拆分为多个数据块的过程如图 7.3 到图 7.4 所示。在分片之前,集合实际上是一个单一的数据块。分片依据片键将集合拆分为多个数据块,如图 7.4 所示。这块数据块被分布在集群中的每个分片上,如图 7.5 所示。

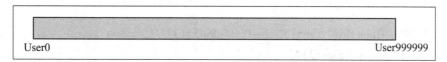

图 7.3　在分片之前,可以认为集合是一个单一的数据块,
从片键的最小值一直到片键的最大值都位于这个块

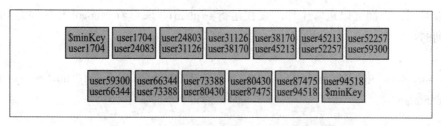

图 7.4　分片依据片键范围将集合拆分为多个数据块

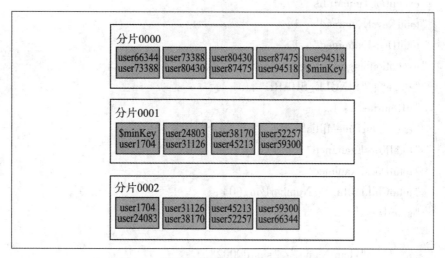

图 7.5　数据块均衡地分布在不同分片上

【注】上图只是形象地表现出分片的过程,并不是实际的分片方式。

注意,数据块列表开始的键值和结束的键值:$minkKey 和 $maxKey。可以将$min-Key 认为是"负无穷",它比 MongoDB 中的任何值都要小。类似地,可以将 $maxKey 认为是"正无穷",它比 MongoDB 中的任何值都要大。因此,经常会见到这两个"端值"出现在数据块范围中。片键值的范围始终位于 $minKey 和 $maxKey 之间。这些值实际上是 BSON 类型,只是用于内部使用,不应该被用在应用程序中。如果希望在 shell 中使用的话,可以用 MinKey 和 MaxKey 常量代替。

现在数据已经分布在多个分片上了,接下来做一些查询操作。首先,做一个基于指定的用户名的查询:

```
mongos> db.user.findOne({username: "user12345"})
{
  "_id": ObjectId("55c555ba7e10304bf6d53137"),
  "username": "user12345",
  "created_at": ISODate("2015-08-08T01:04:58.694Z")
}
```

可以看到,查询可以正常工作。现在运行 explain() 来看看 MongoDB 到底是如何处理这次查询的:

```
mongos> db.user.find({username: "user12345"}).explain("allPlansExecution")
.executionStats
{
  "nReturned": 1,
  "executionTimeMillis": 0,
  "totalKeysExamined": 1,
  "totalDocsExamined": 1,
  "executionStages": {
    "stage": "SINGLE_SHARD",
    "nReturned": 1,
    "executionTimeMillis": 0,
    "totalKeysExamined": 1,
    "totalDocsExamined": 1,
    "totalChildMillis": NumberLong(0),
    "shards": [
      {
        "shardName": "shard0002",
        "executionSuccess": true,
```

```
            "executionStages" : {
                "stage" : "FETCH",
                "nReturned" : 1,
                    "needFetch" : 0,
        …//省略多余信息
    },
}
```

从输出信息可以看出本次查询所使用的分片,在本例中是localhost:30002。

由于"username"是片键,所以mongos能够直接将查询发送到正确的分片上。作为对比,来看一下查询所有数据的过程:

```
mongos> db.user.find().explain("allPlansExecution").executionStats
{
  "nReturned" : 100000,
  "executionTimeMillis" : 98,
  "totalKeysExamined" : 0,
  "totalDocsExamined" : 100000,
  "executionStages" : {
    "stage" : "SHARD_MERGE",
    "nReturned" : 100000,
    "executionTimeMillis" : 98,
    "totalKeysExamined" : 0,
    "totalDocsExamined" : 100000,
    "totalChildMillis" : NumberLong(280),
    "shards" : [
        {
            "shardName" : "shard0000",
            "executionSuccess" : true,
            "executionStages" : {
                "stage" : "SHARDING_FILTER",
                "nReturned" : 31447,
                "executionTimeMillisEstimate" : 90,
                "works" : 31449,
                "advanced" : 31447,
                …
            }
```

```
                    }
                },
                {
                    "shardName" : "shard0001",
                    "executionSuccess" : true,
                    "executionStages" : {
                        "stage" : "SHARDING_FILTER",
                        "nReturned" : 34995,
                        "executionTimeMillisEstimate" : 80,
                        "works" : 34997,
                        "advanced" : 34995,
                        "needTime" : 1,
                        "needFetch" : 0,
                        "saveState" : 273,
                        ...
                    }
                },
                {
                    "shardName" : "shard0002",
                    "executionSuccess" : true,
                    "executionStages" : {
                        "stage" : "SHARDING_FILTER",
                        "nReturned" : 33558,
                        "executionTimeMillisEstimate" : 90,
                        "works" : 33560,
                        "advanced" : 33558,
                        ...
                    }
                },
            }
```

可以看到，这次查询不得不访问所有3个分片，查询出所有数据。通常来说，如果没有在查询中使用片键，mongos 就不得不将查询发送到每个分片。

包含片键的查询能够直接被发送到目标分片或者是集群分片的一个子集，这样的查询叫做定向查询（targeted query）。有些查询必须被发送到所有分片，这样的查询叫做分散-聚集查询（scatter-gather query）：mongos 将查询分散到所有分片上，然后将各个分片的查询结果聚集起来。

完成这个实验之后，关闭数据集。切换回第 2 个 shell，按几次 Enter 键以回到命令行。然后运行 cluster.stop() 就可以关闭整个集群了。

> cluster.stop()

如果不确定集群中某个操作的作用，可以使用 ShardingTest 快速创建一个本地集群然后做一些尝试。

7.4 何时分片

决定何时分片是一个值得权衡的问题。通常不必太早分片，因为分片不仅会增加部署的操作复杂度，还要求做出设计决策，而该决策以后很难再改。另外最好也不要在系统运行太久之后再分片，因为在一个过载的系统上不停机进行分片是非常困难的。

通常，分片用来：
1) 增加可用 RAM；
2) 增加可用磁盘空间；
3) 减轻单台服务器的负载；
4) 处理单个 mongod 无法承受的吞吐量。

因此，良好的监控对于决定应何时分片是十分重要的，必须认真对待其中每一项。由于人们往往过于关注改进其中一个指标，所以应弄明白到底哪一项指标对自己的部署最为重要，并提前做好何时分片以及如何分片的计划。

随着不断增加分片数量，系统性能大致会呈线性增长。但是，如果从一个未分片的系统转换为只有几个分片的系统，性能通常会有所下降。由于迁移数据、维护元数据、路由等开销，少量分片的系统与未分片的系统相比，通常延迟更大，吞吐量甚至可能会更小。因此，至少应该创建 3 个或以上的分片。

假设当前有四台服务器，IP 地址如图 7.6 所示：

黄帅_虚拟机1_mongodb	192.168.30.89	UiccZone	Running
黄帅_虚拟机2_mongodb	192.168.30.160	UiccZone	Running
黄帅_虚拟机3_mongodb	192.168.30.184	UiccZone	Running
黄帅_虚拟机4_mongodb	192.168.30.94	UiccZone	Running

图 7.6 服务器分布示意图

现在要配置成如图 7.7 所示分片集群：

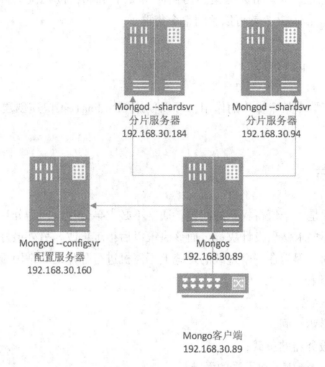

图 7.7 集群分片示意图

7.5 启动服务器

创建集群的第一步是启动所有所需进程。如上章所述,需建立 mongos 和分片。第三个组件——配置服务器也非常重要。配置服务器是普通的 mongod 服务器,保存着集群的配置信息:集群中有哪些分片、分片的是哪些集合以及数据块的分布。

7.5.1 配置服务器

配置服务器相当于集群的大脑,保存着集群和分片的元数据,即各分片包含哪些数据的信息。因此,应该首先建立配置服务器,鉴于它所包含数据的极端重要性,必须启用其日志功能,并确保其数据保存在非易失性驱动器上。每个配置服务器都应位于单独的物理机器上,最好是分布在不同地理位置的机器上。

因 mongos 需从配置服务器获取配置信息,因此配置服务器应先于任何 mongos 进程启动。配置服务器是独立的 mongod 进程,所以可以像启动"普通的"mongod 进程一样启动配置服务器。

在 192.168.30.160 机器上打开 shell,首先应建立配置服务器数据库目录:

```
#mkir-p /data/configdb
```

接着启动配置服务器：

#mongod --configsvr

--configsvr 选项指定 mongod 为新的配置服务器。该选项并非必选项，因为它所做的不过是将 mongod 的默认监听端口改为 27019，并把默认的数据目录改为/data/configdb 而已（可使用--port 和--dbpath 选项修改这两项配置）。

但建议使用--configsvr 选项，因为它比较直白地说明了这些配置服务器的用途。当然，如果不用它启动配置服务器也没问题。

配置服务器并不需要太多的空间和资源。配置服务器的 1 KB 空间约等于 200 MB 真实数据，它保存的只是数据的分布表。由于配置服务器并不需要太多的资源，因此可将其部署在运行着其他程序的机器上，如应用服务器、分片的 mongod 服务器或 mongos 进程的服务器上。

【注】实际应用中，要用 3 台配置服务器。因为我们需要考虑不时之需。但是，也不需要过多的配置服务器，因为配置服务器上的确认动作是比较耗时的。另外，如果有服务器宕机了，集群元数据就会变成只读的。因此，3 台就足够了，既可以应对不时之需，又无需承受服务器过多带来的缺点。这个数字未来可能会发生变化。

7.5.2　mongos 进程

配置服务器均处于运行状态后，在 192.168.30.89 上启动一个 mongos 进程供应用程序连接。mongos 进程需知道配置服务器的地址，所以必须使用--configdb 选项启动 mongos：

mongos --configdb 192.168.30.160：27019　-chunkSize 1

默认情况下，mongos 运行在 27017 端口。注意，并不需要指定数据目录（mongos 自身并不保存数据，它会在启动时从配置服务器加载集群数据）。确保正确设置了 logpath，以便将 mongos 日志保存到安全的地方。

可启动任意数量的 mongos 进程。通常的设置是每个应用程序服务器使用一个 mongos 进程（与应用服务器运行在同一台机器上）。

每个 mongos 进程必须按照列表顺序，使用相同的配置服务器列表。

7.5.3　增加集群容量

1）现在需要为集群添加分片服务器，首先启动两个分片服务器
在 192.168.30.184 和 192.168.30.94 上分别打开 shell，输入以下命令启动服务器：

#mongod – shardsvr

7 分 片

--shardsvr 选项，只是将默认端口改为 27018，但建议在操作中选择该选项。

2）接下来在 mongos 中添加分片服务器到集群中：在 192.168.30.89 的机器上打开一个 shell

```
#mongo – nodb
> db = ( new Mongo( "192.168.30.89" ) ).getDB( "test" )
```

【注】可以在任意一台机器上使用上述命令，连接至 mongos

3）输入 sh.status( ) 查看当前分片集群状态

```
mongos> sh.status( )
--- Sharding Status ---
sharding version: {
  "_id" : 1,
  "minCompatibleVersion" : 5,
  "currentVersion" : 6,
  "clusterId" : ObjectId( "55caf5087a74088a814e4695" )
}
shards:
balancer:
Currently enabled:  yes
Currently running:  no
Failed balancer rounds in last 5 attempts:  0
Migration Results for the last 24 hours:
    No recent migrations
databases:
  { "_id" : "admin",   "partitioned" : false,   "primary" : "config" }
```

4）添加两个分片服务器

```
mongos> sh.addShard( "192.168.30.184:27018" )
{ "shardAdded" : "shard0000", "ok" : 1 }
mongos> sh.addShard( "192.168.30.94:27018" )
{ "shardAdded" : "shard0001", "ok" : 1 }
```

5）查看当前分片集群状态

```
mongos> sh.status( )
```

```
--- Sharding Status ---
sharding version：{
 "_id"：1,
 "minCompatibleVersion"：5,
 "currentVersion"：6,
 "clusterId"：ObjectId("55caf5087a74088a814e4695")
}
shards：
{"_id"："shard0000", "host"："192.168.30.184：27018"}
{ "_id"："shard0001", "host"："192.168.30.94：27018"}
balancer：
Currently enabled： yes
Currently running： no
Failed balancer rounds in last 5 attempts： 0
Migration Results for the last 24 hours：
    No recent migrations
databases：
{"_id"："admin", "partitioned"：false, "primary"："config"}
{"_id"："test", "partitioned"：false, "primary"："shard0000"}
```

可以从 shards 字段看出，分片服务器已经添加至集群中。

7.5.4 数据分片

1) 对数据库设置启用分片

```
mongos> sh.enableSharding("test")
{"ok"：1}
```

2) 在集合中在希望成为片键的键上创建索引

```
mongos> db.user.ensureIndex({"username"：1})
{
 "raw"：{
  "192.168.30.184：27018"：{
   "createdCollectionAutomatically"：true,
   "numIndexesBefore"：1,
   "numIndexesAfter"：2,
   "ok"：1
```

7 分　片

```
    }
  },
  "ok" : 1
}
```

3）对集合进行分片

```
mongos> sh.setBalancerState(true)
mongos> sh.shardCollection("test.user", {"username" : 1})
```

4）使用均衡器

```
{ "collectionsharded" : "test.user", "ok" : 1 }
```

5）插入数据进行测试：

```
mongos > for (var i=0; i<100000; i++) {
... db.user.insert({"username" : "user"+i, "created_at" : new Date()});
... }
mongos > db.user.count()
100000
```

6）查看分片效果

```
mongos> sh.status()
databases:
  {"_id" : "admin",    "partitioned" : false,    "primary" : "config" }
  {"_id" : "test",     "partitioned" : true,     "primary" : "shard0000" }
      test.user
          shard key: { "username" : 1 }
          chunks:
              shard0000  11
              shard0001  10
              { "username" : { "$minKey" : 1 } } -->> { "username" : "user1" } on: shard0001 Timestamp(11, 1)
              { "username" : "user1" } -->> { "username" : "user14210" } on: shard0001 Timestamp(4, 0)
              { "username" : "user14210" } -->> { "username" : "user18425" } on:
```

shard0001 Timestamp(5, 0)
          { "username": "user18425" } -->> { "username": "user2677" } on: shard0001 Timestamp(6, 0)
          { "username": "user2677" } -->> { "username": "user30982" } on: shard0001 Timestamp(7, 0)
          { "username": "user30982" } -->> { "username": "user35195" } on: shard0001 Timestamp(8, 0)
          { "username": "user35195" } -->> { "username": "user449" } on: shard0001 Timestamp(9, 0)
          { "username": "user449" } -->> { "username": "user49111" } on: shard0001 Timestamp(10, 0)
          { "username": "user49111" } -->> { "username": "user53325" } on: shard0000 Timestamp(10, 1)
          { "username": "user53325" } -->> { "username": "user5881" } on: shard0000 Timestamp(6, 4)
          { "username": "user5881" } -->> { "username": "user63021" } on: shard0000 Timestamp(7, 2)
          { "username": "user63021" } -->> { "username": "user67236" } on: shard0000 Timestamp(7, 3)
          { "username": "user67236" } -->> { "username": "user6891" } on: shard0000 Timestamp(7, 4)
          { "username": "user6891" } -->> { "username": "user73121" } on: shard0000 Timestamp(8, 2)
          { "username": "user73121" } -->> { "username": "user77336" } on: shard0000 Timestamp(8, 3)
          { "username": "user77336" } -->> { "username": "user81549" } on: shard0000 Timestamp(9, 2)
          { "username": "user81549" } -->> { "username": "user85763" } on: shard0000 Timestamp(9, 3)
          { "username": "user85763" } -->> { "username": "user9" } on: shard0000 Timestamp(9, 4)
          { "username": "user9" } -->> { "username": "user94210" } on: shard0001 Timestamp(10, 2)
          { "username": "user94210" } -->> { "username": "user9999" } on: shard0001 Timestamp(10, 3)
          { "username": "user9999" } -->> { "username": { "$maxKey": 1 } } on: shard0000 Timestamp(11, 0)

7.6 如何追踪集群数据

每个 mongos 都必须能够根据给定的片键找到文档的存放位置。理论上来说，MongoDB 能够追踪到每个文档的位置，但当集合中包含成百上千万个文档的时候，就会变得难以操作。因此，MongoDB 将文档分组为块（chunk），每个块由给定片键特定范围内的文档组成。一个块只存在于一个分片上，所以 MongoDB 用一个比较小的表就能够维护块跟分片的映射。

例如，如用户集合的片键是{"age": 1}，其中某个块可能是由 age 值为 3~17 的文档组成的。如果 mongos 得到一个{"age": 5}的查询请求，它就可以将查询路由到 age 值为 3~17 的块所在的分片。进行写操作时，块内的文档数量和大小可能会发生改变。插入文档可使块包含更多的文档，删除文档则会减少块内文档的数量。如果我们针对儿童和中小学生制作游戏，那么这个 age 值为 3~17 的块可能会变得越来越大。几乎所有的用户都会被包含在这个块内，且在同一分片上。这就违背了我们分布式存放数据的初衷。因此，当一个块增长到特定大小时，MongoDB 会自动将其拆分为两个较小的块。在本例中，该块可能会被拆分为一个 age 值为 3~11 的块和一个 age 值为 12~17 的块。注意，这两个小块包含了之前大块的所有文档以及 age 的全部域值。这些小块变大后，会被继续拆分为更小的块，直到包含 age 的全部域值。

块与块之间的 age 值范围不能有交集，如 3~15 和 12~17。如果存在交集的话，那么 MongoDB 为了查询处于交集中的 age 值（如 14）时，则需分别查找这两个块。只在一个块中进行查找效率会更高，尤其是在块分散在集群中时。

一个文档，属于且只属于一个块。这意味着，不可以使用数组字段作为片键，因为 MongoDB 会为数组创建多个索引条目。例如，如某个文档的 age 字段值是[5, 26, 83]，该文档就会出现在三个不同的块中。

【注】一个常见的误解是同一个块内的数据保存在磁盘的同一片区域。这是不正确的，块并不影响 mongod 保存集合数据的方式。

7.6.1 块范围

可使用块包含的文档范围来描述块。新分片的集合起初只有一个块，所有文档都位于这个块中。此块的范围是负无穷到正无穷，在 shell 中用 $minKey 和 $maxKey 表示。

随着块的增长，MongoDB 会自动将其分成两个块，范围分别是负无穷到<some value>和<some value>到正无穷。两个块中的<some value>值相同，范围较小的块包含比<some value>小的所有文档（但不包含<some value>值），范围较大的块包含从<some value>一直到正无穷的所有文档（包含<some value>值）。

用一个例子来更直观地说明：假如我们按照之前提到的"age"字段进行分片。所有"age"值为 3~17 的文档都包含在一个块中：3 ≤ age< 17。该块被拆分后，我们得到了两个较小的块，其中一个范围是 3 ≤ age<12，另一个范围是 12 ≤ age<17。这里的 12 就叫做拆分点（split point）。

块信息保存在 config.chunks 集合中。查看集合内容，会发现其中的文档如下（简洁起见，这里忽略了一些字段）：

```
mongos> use config switched to db config
mongos> db. chunks. find({ }, {"min": 1,"max": 1})
```

假设有如下信息：

```
> db. chunks. find(criteria, {"min": 1, "max": 1})
{
"_id": "test. users-age_-100. 0",
"min": {"age": -100},
"max": {"age": 23}
}{
"_id": "test. users-age_23. 0",
"min": {"age": 23},
"max": {"age": 100}
}{
"_id": "test. users-age_100. 0",
"min": {"age": 100},
"max": {"age": 1000}
}
```

基于以上 config. chunks 文档，不同文档在块中的分布情况如下所示：
1){"_id": 123, "age": 50}
该文档位于第二个块中，因为第二个块包含 age 值为 23~100 的所有文档。
2){"_id": 456, "age": 100}
该文档位于第三个块中，因为较小的边界值是包含在块中的。第二个块包含了 age 值小于 100 的所有文档，但不包含等于 100 的文档。
3){"_id": 789, "age": -101}
该文档不位于上面所示的这些块中，而是位于一个比第一个块范围更小的块中。

可使用复合片键，工作方式与使用复合索引进行排序一样。假如在{"username": 1, "age": 1}上有一个片键，那么可能会存在如下块范围：

```
{
"_id": "test. users-username_MinKeyage_MinKey",
"min": {
"username": {"$ minKey": 1},
"age": {"$ minKey": 1}
},
```

```
        "max" : {
          "username" : "user107487",
          "age" : 73
        }
      }
      {
        "_id" : "test. users-username_\ "user107487\ "age_73.0",
        "min" : {
          "username" : "user107487",
          "age" : 73
        },
        "max" : {
          "username" : "user114978",
          "age" : 119
        }
      }
      {
        "_id" : "test. users-username_\ "user114978\ "age_119.0",
        "min" : {
          "username" : "user114978",
          "age" : 119
        },
        "max" : {
          "username" : "user122468",
          "age" : 68
        }
      }
```

因此，对于一个给定的用户名(或者是用户名和年龄)，mongos 可轻易找到其所对应的文档。但如果只给定年龄，mongos 就必须查看所有(或者几乎所有)块。如果希望基于 age 的查询能够被路由到正确的块上，则需使用"相反"的片键：{"age" : 1, "username" : 1}。从这个例子中我们可以得出一个结论：基于片键第二个字段的范围可能会出现在多个块中。

7.6.2 拆分块

mongos 会记录在每个块中插入了多少数据，一旦达到某个阈值，就会检查是否需要对块进行拆分，如图 7.8 和图 7.9 所示。如果块确实需要被拆分，mongos 就会在配置服务器上更新这个块的元信息。块拆分只需改变块的元数据即可，而无需进行数据移动。进行拆分时，配置服务器会创建新的块文档，同时修改旧的块范围(即"max"值)。拆分完成后，mongos 会重置对原始块的追踪器，同时为新的块创建新的追踪器。

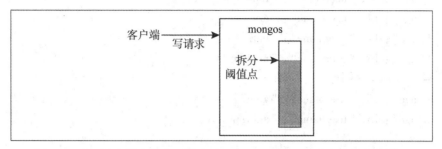

图 7.8　收到客户端发起的写请求时，mongos 会检查当前块的拆分阈值点

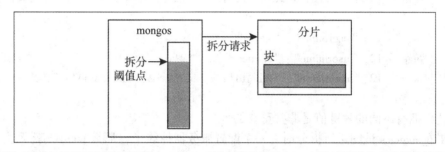

图 7.9　如果达到了拆分阈值点，mongos 就会向分片发起一个针对该拆分点的拆分请求

mongos 向分片询问某块是否需被拆分时，分片会对块大小进行粗略的计算。如果发现块正在不断变大，它就会计算出合适的拆分点，然后将这些信息发送给 mongos，如图 7.10 所示。

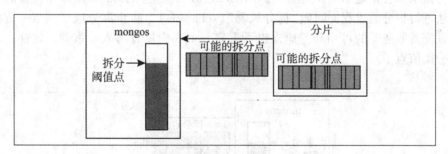

图 7.10　分片计算块的拆分点，并将这些信息发回 mongos

分片有时可能会找不到任何可用的拆分点（即使此块较大），因为合法拆分块方法有限。具有相同片键的文档必须保存在相同的块中，因此块只能在片键的值发生变化的点对块进行拆分。例如，如果片键的值等于 age 的值，则下列块可在片键发生变化的点被拆分：

```
{"age" : 13, "username" : "ian"}
{"age" : 13, "username" : "randolph"}
------------ //拆分点
```

```
{"age" : 14, "username" : "randolph"}
{"age" : 14, "username" : "eric"}
{"age" : 14, "username" : "hari"}
{"age" : 14, "username" : "mathias"}
------------ //拆分点
{"age" : 15, "username" : "greg"}
{"age" : 15, "username" : "andrew"}
```

mongos 无需在每个可用的拆分点对块进行拆分，但拆分时只能从这些拆分点中选择一个。例如，如果块包含下列文档，则此块不可拆分，除非应用开始插入不同片键的文档：

```
{"age" : 12, "username" : "kevin"}
{"age" : 12, "username" : "spencer"}
{"age" : 12, "username" : "alberto"}    {"age" : 12, "username" : "tad"}
```

因此，拥有不同的片键值是非常重要的。

如果在 mongos 试图进行拆分时有一个配置服务器掉线了，那么 mongos 就无法更新元数据，如图 6.18 所示，mongos 选择一个拆分点，然后试图将这些信息通知给配置服务器，但是配置服务器不可达。因此，它仍位于这个块的拆分阈值点，随后的任何写请求都会重复上面的过程。在进行拆分时，所有配置服务器都必须可用且可达。mongos 如果不断接收到块的写请求，则会处于尝试拆分与拆分失败的循环中。只要配置服务器不可用于拆分，拆分就无法进行，mongos 不断发起的拆分请求就会拖慢 mongos 和当前分片（每次收到的写请求都会重复图 7.8 到图 7.11 演示的过程）。这种 mongos 不断重复发起拆分请求却无法进行拆分的过程，叫做"拆分风暴"（splitstorm）。防止拆分风暴的唯一方法是尽可能保证配置服务器的可用和健康。也可重启 mongos，重置写入计数器，这样它就不再处于拆分阈值点了。

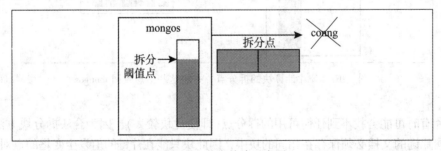

图 7.11　节点故障示意图

另一个问题是，mongos 可能不会意识到它需要拆分一个较大的块。并没有一个全局的计数器用于追踪每个块到底有多大。每个 mongos 只是计算其收到的写请求是否达到了特定的阈值点（如图 7.12 所示）。也就是说，如果 mongos 进程频繁地上线和宕机，那么

mongos 在再次宕机之前可能永远无法收到足以达到拆分阈值点的写请求，因此块会变得越来越大，如图 7.13 所示。

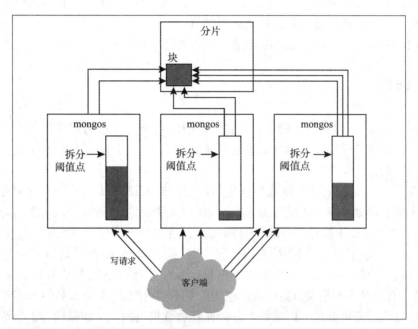

图 7.12　随着 mongos 进程不断执行写请求，它们的计数器也会不断增长，直至拆分阈值点

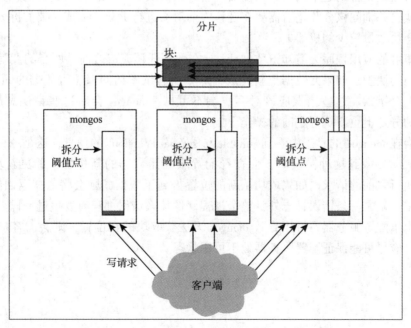

图 7.13　如果 mongos 进程不断重启，它们的计数器可能永远
也不会到达阈值点，因此块的增长不存在最大值

防止这种情况发生的第一种方式是减少 mongos 进程的波动。尽可能保证 mongos 进程可用，而不是在需要的时候将其开启，不需要的时候又将其关掉。然而，实际部署中可能会发现，维持不需要的 mongos 持续运行开销过大。这时可选用另一种方式：使块的大小比实际预期稍小些，这样就更容易达到拆分阈值点。

可在启动 mongos 时指定 --nosplit 选项，从而关闭块的拆分。

7.7 均衡器

均衡器（balancer）负责数据的迁移。它会周期性地检查分片间是否存在不均衡，如果存在，则会开始块的迁移。虽然均衡器通常被看做是单一实体，但每个 mongos 有时也会扮演均衡器的角色。

每隔几秒钟，mongos 就会尝试变身为均衡器。如果没有其他可用的均衡器，mongos 就会对整个集群加锁，以防止配置服务器对集群进行修改，然后做一次均衡。均衡并不会影响 mongos 的正常路由操作，所以使用 mongos 的客户端不会受到影响。

mongos 成为均衡器后，就会检查每个集合的分块表，从而查看是否有分片达到了均衡阈值（balancing threshold）。不均衡的表现指，一个分片明显比其他分片拥有更多的块（精确的阈值有多种不同情况：集合越大越能承受不均衡状态）。如果检测到不均衡，均衡器就会开始对块进行再分布，以使每个分片拥有数量相当的块。如果没有集合达到均衡阈值，mongos 就不再充当均衡器的角色了。

假如有一些集合到达了阈值，均衡器则会开始做块迁移。它会从负载比较大的分片中选择一个块，并询问该分片是否需要在迁移之前对块进行拆分。完成必要的拆分后，就会将块迁移至块数量较少的机器上。

使用集群的应用程序无需知道数据迁移：在数据迁移完成之前，所有的读写请求都会被路由到旧的块上。如果元数据更新完成，那么所有试图访问旧位置数据的 mongos 进程都会得到一个错误。这些错误应该对客户端不可见：mongos 会对这些错误做静默处理，然后在新的分片上重新执行之前的操作。

有时会在 mongos 的日志中看到 "unable to setShardVersion" 的信息，这是一种很常见的错误。mongos 在收到这种错误时，会查看配置服务器数据的新位置，并更新块分布表，然后重新执行之前的请求。如果成功从新的位置得到了数据，则会将数据返回给客户端。除了日志中会记录一条错误日志外，整个过程好像什么错误都没有发生过一样。

如果由于配置服务器不可用导致 mongos 无法获取块的新位置，则会向客户端返回错误。所以，应尽可能保证配置服务器处于可用状态。

8 实战图书馆管理——Java 桌面客户端

本书前面所举的例子都是在 shell 中执行的,即用的是 JavaScript 语言。本章将探索实际应用中更常用的语言是如何与 MongoDB 配合的。本书以 Java 为例介绍 Mongdb 开发,Java 驱动程序是 MongoDB 最早的驱动,它已经用于生产环境多年,而且非常稳定,是企业级开发的首选。

8.1 项目需求

使用 Java 开发一个图书馆桌面管理应用程序。该客户端具有以下功能:

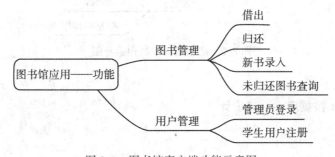

图 8.1 图书馆客户端功能示意图

8.2 系统设计

本系统采用 MVC 模式。MVC 的全名是 Model View Controller,是模型(model)、视图(view)和控制器(controller)的缩写,它是一种软件设计典范,它用一种业务逻辑、数据、界面显示分离的方法组织代码,将业务逻辑聚集到一个部件里面,在改进和个性化定制界面及用户交互的同时,不需要重新编写业务逻辑。MVC 被独特地发展起来用于将传统的输入、处理和输出功能映射在一个逻辑的图形化用户界面的结构中。

8.2.1 应用结构设计

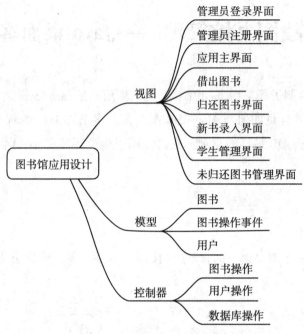

图 8.2　图书馆功能结构示意图

8.2.2 MongoDB 数据库——表设计

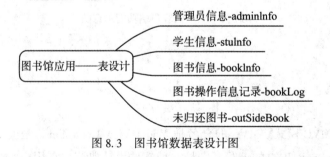

图 8.3　图书馆数据表设计图

8.3 系统开发

8.3.1 新建 Java 项目

1）打开桌面的 Eclipse 应用，点击 File→New→Project，如图 8.4 所示

8.3 系统开发

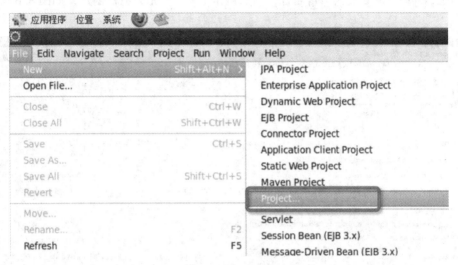

图 8.4 新建工程

2) 在弹出的对话框中选择 Java Project，点击 Next，如图 8.5 所示

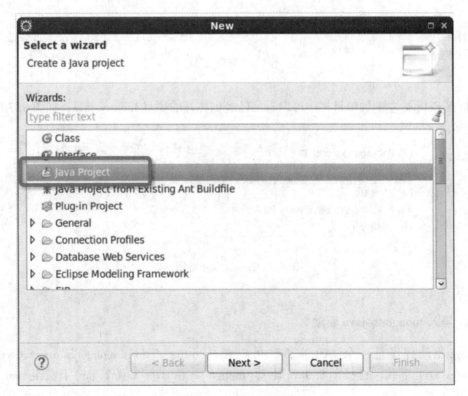

图 8.5 选择 Java 工程

8　实战图书馆管理——Java 桌面客户端

3）在 Project Name 输入项目名称，然后点击 Finish，完成项目创建，如图 8.6 所示

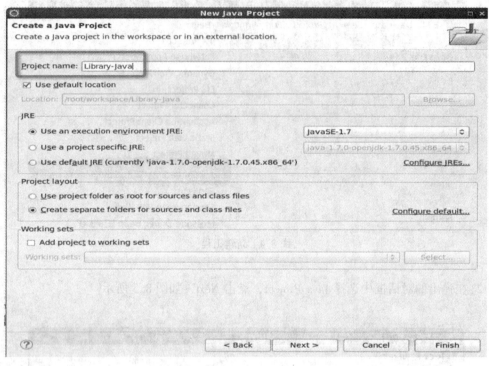

图 8.6　完成创建

4）在 Eclipse 左侧的项目栏中可以看见已经创建好的项目 Library-Java，如图 8.7 所示

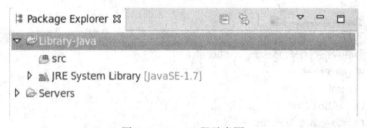

图 8.7　Java 工程示意图

8.3.2　导入 mongodb-java 驱动

Java 驱动程序是一个 JAR 文件，可以在从 http：//docs.mongodb.org/ecosystem/drivers/java/上下载。已提前将 Java 驱动（mongo-java-driver-3.0.2.jar）下载至 root 文件夹中。

1）在 Library-Java 上点击右键，然后点击 New→Folder，如图 8.8 所示

8.3 系统开发

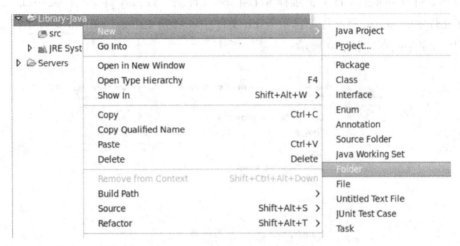

图 8.8　导入 mongo 驱动

2) 在对话框中输入文件夹名称：lib，然后点击 Finish，如图 8.9 所示

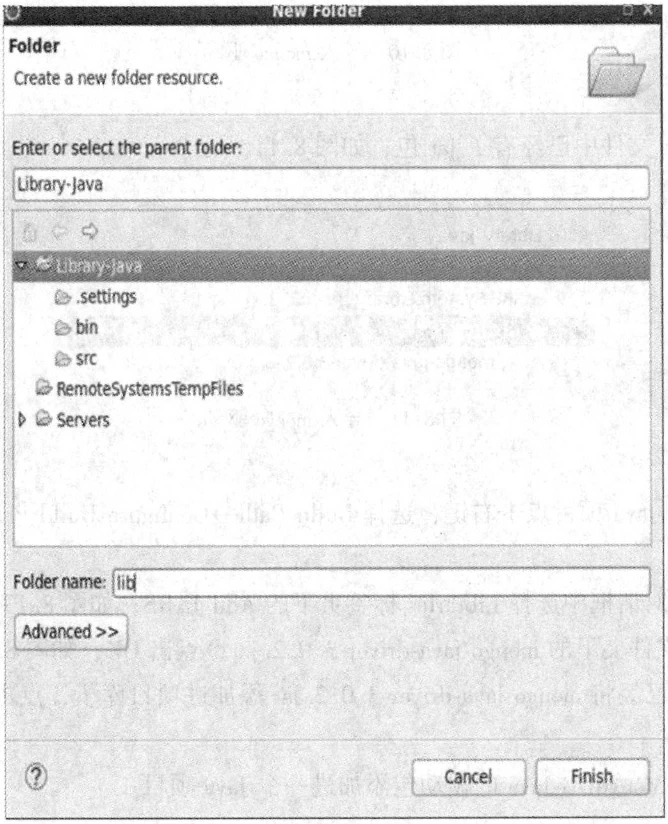

图 8.9　建立 lib 文件夹

173

3）然后打开 root 主文件夹，选择 workspace 文件夹→Library-java 文件夹→lib 文件夹，将 root 文件中的 mongo 驱动程序拷贝至 lib 文件中。回到 Eclipse，在 lib 文件上点击右键菜单中的 Refresh，如图 8.10 所示

图 8.10　导入 mongo 驱动

4）会发现 lib 文件中已经有了 jar 包，如图 8.11 所示

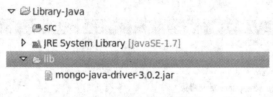

图 8.11　导入 mongo 驱动

5）在 Library-Java 项目点击右键，选择 Build Path→Configure Build Path，如图 8.12 所示

6）在弹出的对话框中选择 Libraries 标签页下的 Add JARS，如图 8.13 所示

7）选择 lib 文件夹下的 mongo-java-driver-3.0.2.jar，点击 OK，如图 8.14 所示

8）返回发现已经将 mongo-java-driver-3.0.2.jar 添加进项目库了，点击 OK，如图 8.15 所示

至此，已将 MongoDB-Java 的驱动包添加进一个 Java 项目。

8.3 系统开发

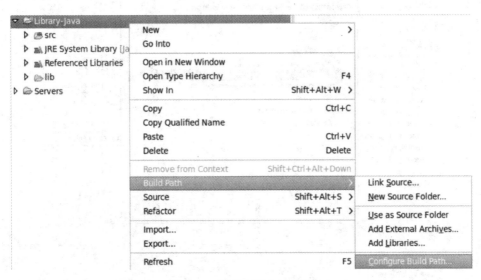

图 8.12　配置环境 Path 信息

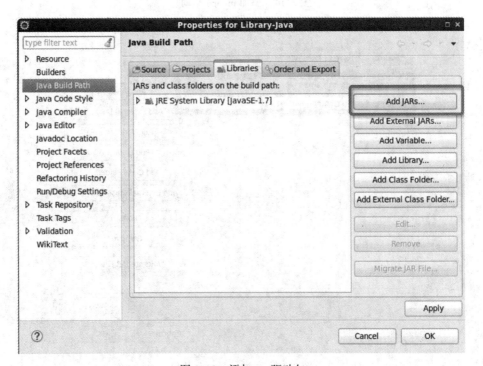

图 8.13　添加 jar 驱动包

8　实战图书馆管理——Java 桌面客户端

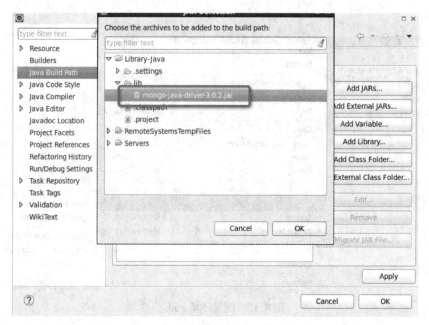

图 8.14　添加 mongo 驱动包

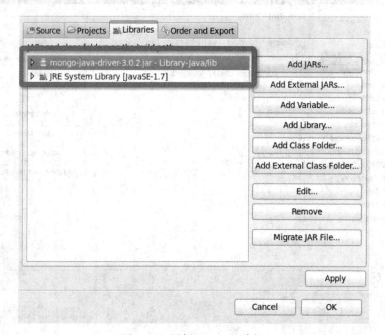

图 8.15　添加 mongo 驱动包

8.3.3 数据模型设计

1) 图书——类设计

```java
public class book {
  private String bookName;
  private String bookID;
  private String bookSummary;
  public book() {
  }
  public String getBookName() {
    return bookName;
  }
  public void setBookName(String bookName) {
    this.bookName = bookName;
  }
  public String getBookID() {
    return bookID;
  }
  public void setBookID(String bookID) {
    this.bookID = bookID;
  }
  public String getBookSummary() {
    return bookSummary;
  }
  public void setBookSummary(String bookSummary) {
    this.bookSummary = bookSummary;
  }
}
```

2) 用户——类设计(管理员)

```java
public class User_Admin {
  String userName;
  String userPWD;
  String userORG;
  boolean isAdmin;
  public String getUserName() {
```

```java
        return userName;
    }
    public void setUserName(String userName){
        this.userName = userName;
    }
    public String getUserPWD(){
        return userPWD;
    }
    public void setUserPWD(String userPWD){
        this.userPWD = userPWD;
    }
    public String getUserORG(){
        return userORG;
    }
    public void setUserORG(String userORG){
        this.userORG=userORG;
    public boolean isAdmin(){
        return isAdmin;
    }
    public void setAdmin(boolean isAdmin){
        this.isAdmin=isAdmin;
        }
    }
```

3) 图书操作事件——类设计

```java
    public class logBook{
    private String actDate = "";
    private String bookID = "";
    private String bookName = "";
    private String stuID = "";
    private String stuName = "";
    private String actMode = "";  //操作类型, in 还书, out 借书
    public logBook(){}
    public String getActDate(){
        return actDate;
    }
    public void setActDate(String actDate){
```

```java
        this.actDate = actDate;
    }
    public String getBookID() {
        return bookID;
    }
    public void setBookID(String bookID) {
        this.bookID = bookID;
    }
    public String getBookName() {
        return bookName;
    }
    public void setBookName(String bookName) {
        this.bookName = bookName;
    }
    public String getStuID() {
        return stuID;
    }
    public void setStuID(String stuID) {
        this.stuID = stuID;
    }
    public String getStuName() {
        return stuName;
    }
    public void setStuName(String stuName) {
        this.stuName = stuName;
    }
    public String getActMode() {
        return actMode;
    }
    public void setActMode(String actMode) {
        this.actMode = actMode;
    }
```

8.3.4 控制器设计

1) 数据库操作——类设计

此类封装的是本项目图书操作和用户操作需要的 Java 与 MongoDB 数据库操作的方法。

```java
public class dbAct {
    //数据库服务器
    private MongoClient mongoClient = null;
    //数据库
    private MongoDatabase db = null;
    //数据库服务器连接初始化
    public void mongoConnect() {
        mongoClient = new MongoClient();
        db = mongoClient.getDatabase("library");
    }
    public void mongoConnect(String IP, int port) {
        mongoClient = new MongoClient(IP, port);
        db = mongoClient.getDatabase("library");
    }
    //数据库服务器连接断开
    public void mongoClose() {
        mongoClient.close();
        db = null;
    }
    //插入数据
    public void dbInsert(String collectionName, Document document) {
        MongoCollection<Document> collection = db.getCollection(collectionName);
        collection.insertOne(document);
    }
    //查找数据
    public FindIterable<Document> dbFind(String collectionName, Document query) {
        MongoCollection<Document> collection = db.getCollection(collectionName);
        return collection.find(query);
    }
    //查找全部数据
    public FindIterable<Document> dbFindALL(String collectionName) {
        MongoCollection<Document> collection = db.getCollection(collectionName);
        return collection.find();
    }
    //删除数据
    public void dbDelete(String collectionName, Document document) {
        MongoCollection<Document> collection = db.getCollection(collectionName);
```

```
      collection.deleteOne(document);
    }
  }
```

2) 图书操作——类设计

本类封装的图书相关的所有操作方法。

```
    public class dbAct {
    //数据库服务器
    private MongoClient mongoClient = null;
    //数据库
    private MongoDatabase db = null;
    //数据库服务器连接初始化
    public void mongoConnect() {
      mongoClient = new MongoClient();
      db = mongoClient.getDatabase("library");
    }
    public void mongoConnect(String IP, int port) {
      mongoClient = new MongoClient(IP, port);
      db = mongoClient.getDatabase("library");
    }
    //数据库服务器连接断开
    public void mongoClose() {
      mongoClient.close();
      db = null;
    }
    //插入数据
    public void dbInsert(String collectionName, Document document) {
      MongoCollection<Document> collection = db.getCollection(collectionName);
      collection.insertOne(document); }
    //查找数据
    public FindIterable<Document> dbFind(String collectionName, Document query) {
      MongoCollection<Document> collection = db.getCollection(collectionName);
      return collection.find(query);
    }
    //查找全部数据
    public FindIterable<Document> dbFindALL(String collectionName) {
      MongoCollection<Document> collection = db.getCollection(collectionName);
```

```java
        return collection.find();
    }
    //删除数据
    public void dbDelete(String collectionName, Document document) {
        MongoCollection<Document> collection = db.getCollection(collectionName);
        collection.deleteOne(document);
    }
}
```

3) 用户操作类设计

本类封装的用户类相关的所有操作方法。

```java
public class usersAct {
    //管理员注册
    public void adminRegist(User_Admin newUser) {
        final Document document = new Document();
        document.put("userName", newUser.getUserName());
        document.put("userPWD", newUser.getUserPWD());
        document.put("userORG", newUser.getUserORG());
        document.put("isAdmin", newUser.isAdmin());
        dbAct dbact = new dbAct();
        dbact.mongoConnect();
        dbact.dbInsert("userInfo", document);
        dbact.mongoClose();
    }
    //用户登录
    public boolean adminLogin(User_Admin loginUser) {
        Document query = new Document();
        query.put("userName", loginUser.getUserName());
        query.put("userPWD", loginUser.getUserPWD());
        query.put("userORG", loginUser.getUserORG());
        query.put("isAdmin", loginUser.isAdmin());
        dbAct dbact = new dbAct();
        dbact.mongoConnect();
        final ArrayList<Document> findResultsList = new ArrayList<Document>();
        FindIterable<Document> iterable = dbact.dbFind("adminInfo", query);
        iterable.forEach(new Block<Document>() {
            @Override
```

```java
        public void apply(final Document document) {
            findResultsList.add(document);
        }
    });
    dbact.mongoClose();
        if (findResultsList.size() == 1) {
            return true;
        } else {
        return false;
        }
}
//用户姓名查询 By UserID
public String findUserNameByID(String stuID) {
    Document query = new Document();
    query.put("stuID", stuID);
    dbAct dbact = new dbAct();
    dbact.mongoConnect();
    final ArrayList<Document> findResultsList = new ArrayList<Document>();
    FindIterable<Document> iterable = dbact.dbFind("stuInfo", query);
    iterable.forEach(new Block<Document>() {
        @Override
        public void apply(final Document document) {
            findResultsList.add(document);
        }
    });
    dbact.mongoClose();
    if (findResultsList.size() == 1) {
        return findResultsList.get(0).getString("stuName");
    } else {
        return "查无此用户,请检查用户编号!";
    }
}
//学生添加
public void stuAdd(User_Student newStuUser) {
    final Document document = new Document();
    document.put("stuID", newStuUser.getStuID());
    document.put("stuName", newStuUser.getStuName());
    document.put("stuClass", newStuUser.getStuClass());
```

```
        dbAct dbact = new dbAct();
        dbact.mongoConnect();
        dbact.dbInsert("stuInfo", document);
        dbact.mongoClose();
    }
    //学生删除
    public void stuDelete(User_Student oldStuUser)
    {
        final Document document = new Document();
        document.put("stuID", oldStuUser.getStuID());
        dbAct dbact = new dbAct();
        dbact.mongoConnect();
        dbact.dbDelete("stuInfo", document);
        dbact.mongoClose();
    }
}
```

8.3.5 界面设计

1) 登录界面

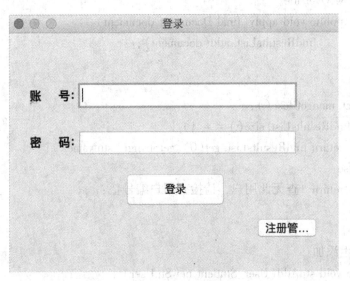

图 8.16 登录界面

```
public class Login {
    private JFrame jFrame = null;
```

```java
        private JPanel jContentPane = null;
        private JLabel jLabelLoginUserName = null;
        private JLabel jLabelLoginPassword = null;
        private JTextField jTextFieldLoginUserName = null;
        private JPasswordField jTextFieldLoginPassword = null;
        public JButton jButtonLogin = null;
        public JButton jButtonReg = null;
        private Alert alert = null;
        public Login() {
            this.getJFrame().setVisible(true);
            this.getJFrame().setDefaultCloseOperation(JFrame.EXIT_ON_CLOSE);
            alert = new Alert();
        }
        public void closeFrame() {
            this.jFrame.dispose();
        }
    private JFrame getJFrame() {
        if (jFrame == = null) {
            jFrame = new JFrame();
            jFrame.setSize(new Dimension(400, 300));
            jFrame.setTitle("登录");
            jFrame.setResizable(false);
            jFrame.setContentPane(getJContentPane());
            jFrame.addWindowListener(new java.awt.event.WindowAdapter() {
                public void windowClosing(java.awt.event.WindowEvent e) {
                    System.exit(0);
                }
            });
        }
        return jFrame;
    }
    private JPanel getJContentPane() {
        if (jContentPane == = null) {
            jLabelLoginUserName = new JLabel();
            jLabelLoginUserName.setBounds(new Rectangle(18, 53, 335, 38));
            jLabelLoginUserName.setFont(new Font("Dialog", Font.BOLD, 14));
            jLabelLoginUserName.setText("  账    号: ");
            jLabelLoginPassword = new JLabel();
```

```java
            jLabelLoginPassword.setBounds(new Rectangle(18, 107, 335, 38));
            jLabelLoginPassword.setFont(new Font("Dialog", Font.BOLD, 14));
            jLabelLoginPassword.setText("  密      码: ");
            jContentPane = new JPanel();
            jContentPane.setLayout(null);
            jContentPane.add(jLabelLoginUserName, null);
            jContentPane.add(jLabelLoginPassword, null);
            jContentPane.add(getJTextFieldLoginUserName(), null);
            jContentPane.add(getJTextFieldLoginPassword(), null);
            jContentPane.add(getJButtonLogin(), null);
            jContentPane.add(getJButtonReg(), null);
        }
        return jContentPane;
    }
    private JTextField getJTextFieldLoginUserName() {
        if (jTextFieldLoginUserName == null) {
            jTextFieldLoginUserName = new JTextField();
            jTextFieldLoginUserName.setBounds(new Rectangle(84, 56, 266, 33));
            jTextFieldLoginUserName.addKeyListener(new java.awt.event.KeyAdapter() {
                public void keyPressed(java.awt.event.KeyEvent e) {
                    if (e.getKeyCode() == java.awt.event.KeyEvent.VK_ENTER) {
                        // 当在用户名框中按回车时，使密码框获取焦点
                        jTextFieldLoginPassword.requestFocusInWindow();
                    }
                }
            });
        }
        return jTextFieldLoginUserName;
    }
    private JTextField getJTextFieldLoginPassword() {
        if (jTextFieldLoginPassword == null) {
            jTextFieldLoginPassword = new JPasswordField();
            jTextFieldLoginPassword.setBounds(new Rectangle(84, 111, 266, 33));
            jTextFieldLoginPassword.addKeyListener(new java.awt.event.KeyAdapter() {
                public void keyPressed(java.awt.event.KeyEvent e) {
                    if (e.getKeyCode() == java.awt.event.KeyEvent.VK_ENTER) {
                        // 当在密码框中按回车时，调用登录方法
                        doLogin();
```

```java
                }
            }
        });
    }
    return jTextFieldLoginPassword;
}
private JButton getJButtonLogin() {
    if (jButtonLogin == = null) {
        jButtonLogin = new JButton();
        jButtonLogin.setBounds(new Rectangle(143, 162, 120, 41));
        jButtonLogin.setText("登录");
        jButtonLogin.addActionListener(new java.awt.event.ActionListener() {
            public void actionPerformed(java.awt.event.ActionEvent e) {
                // 当点击了登录按钮时,调用登录方法
                doLogin();
            }
        });
    }
    return jButtonLogin;
}
// 登录方法
private void doLogin() {
    new Thread(new Runnable() {
        @Override
        public void run() {
            // TODO Auto-generated method stub
            try {
                if (jTextFieldLoginUserName.getText() != null && !jTextFieldLoginUserName.getText().equals("") && jTextFieldLoginPassword.getText() != null && !jTextFieldLoginPassword.getText().equals("")) {
                    User_Admin loginUser = new User_Admin();
                    loginUser.setUserName(jTextFieldLoginUserName.getText());
                    loginUser.setUserPWD(jTextFieldLoginPassword.getText());
                    loginUser.setUserORG("UICC");
                    loginUser.setAdmin(false);
                    usersAct usersact = new usersAct();
```

```java
                    if (usersact.adminLogin(loginUser)) {
                        // alert.showAlert("登录成功");
                        // 关闭登录框
                        closeFrame();
                        // 显示主界面
                        new Library_MainUI();
                    } else {
                        alert.showAlert("登录失败");
                    }
                } else {
                    alert.showAlert("用户名或密码为空");
                }
            } catch (Exception e) {
                // TODO: handle exception
            }
        }
    }).start();
}
private JButton getJButtonReg() {
    if (jButtonReg == null) {
        jButtonReg = new JButton();
        jButtonReg.setBounds(new Rectangle(295, 214, 82, 28));
        jButtonReg.setText("注册管理员");
        jButtonReg.addActionListener(new java.awt.event.ActionListener() {
            public void actionPerformed(java.awt.event.ActionEvent e) {
                // 如果点击了去注册按钮
                // 关闭登录框
                closeFrame();
                // 显示注册框
                new Register();
            }
        });
    }
    return jButtonReg;
}
```

2) 管理员注册界面

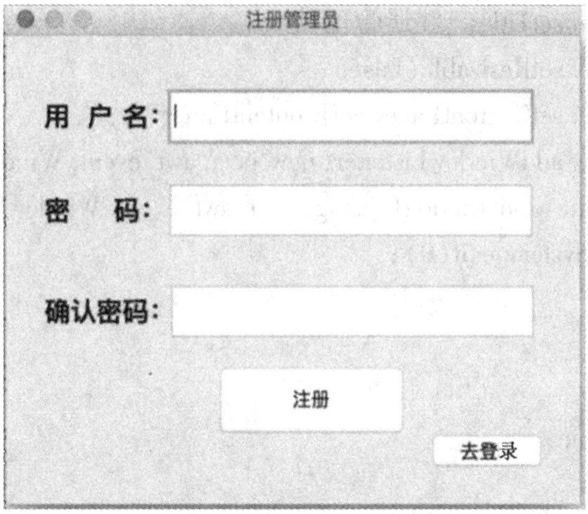

图 8.17 管理员注册界面

```java
public class Register {
    private JFrame jFrame = null;
    // @jve: decl-index=0: visual-constraint="241, 22"
    private JPanel jContentPane = null;
    private JLabel jLabelRegUserName = null;
    private JLabel jLabelRegPassword = null;
    private JLabel jLabelRegRepassword = null;
    private JTextField jTextFieldRegUserName = null;
    private JPasswordField jTextFieldRegPassword = null;
    private JPasswordField jTextFieldRegRepassword = null;
    public JButton jButtonReg = null;
    public JButton jButtonLogin = null;
    private Alert alert;
    public Register() {
        this.getJFrame().setVisible(true);
        alert = new Alert();
    }
    public void closeFrame() {
        this.jFrame.dispose();
    }
    private JFrame getJFrame() {
        if (jFrame == null) {
            jFrame = new JFrame();
```

```java
            jFrame.setSize(new Dimension(398, 337));
            jFrame.setTitle("注册管理员");
            jFrame.setResizable(false);
            jFrame.setContentPane(getJContentPane());
            jFrame.addWindowListener(new java.awt.event.WindowAdapter() {
                public void windowClosing(java.awt.event.WindowEvent e) {
                    System.exit(0);
                }
            });
        }
        return jFrame;
    }
    private JPanel getJContentPane() {
        if (jContentPane == null) {
            jLabelRegRepassword = new JLabel();
            jLabelRegRepassword.setBounds(new Rectangle(15, 162, 357, 47));
            jLabelRegRepassword.setFont(new Font("Dialog", Font.BOLD, 18));
            jLabelRegRepassword.setText("确认密码:");
            jLabelRegPassword = new JLabel();
            jLabelRegPassword.setBounds(new Rectangle(15, 94, 357, 47));
            jLabelRegPassword.setFont(new Font("Dialog", Font.BOLD, 18));
            jLabelRegPassword.setText("密    码:");
            jLabelRegUserName = new JLabel();
            jLabelRegUserName.setBounds(new Rectangle(15, 31, 357, 47));
            jLabelRegUserName.setFont(new Font("Dialog", Font.BOLD, 18));
            jLabelRegUserName.setText("用户名:");
            jContentPane = new JPanel();
            jContentPane.setLayout(null);
            jContentPane.add(jLabelRegUserName, null);
            jContentPane.add(jLabelRegPassword, null);
            jContentPane.add(jLabelRegRepassword, null);
            jContentPane.add(getJTextFieldRegUserName(), null);
            jContentPane.add(getJTextFieldRegPassword(), null);
            jContentPane.add(getJTextFieldRegRepassword(), null);
            jContentPane.add(getJButtonReg(), null);
            jContentPane.add(getJButtonLogin(), null);
        }
        return jContentPane;
```

```java
    }
    private JTextField getJTextFieldRegUserName() {
        if (jTextFieldRegUserName == null) {
            jTextFieldRegUserName = new JTextField();
            jTextFieldRegUserName.setBounds(new Rectangle(110, 34, 258, 41));
        }
        return jTextFieldRegUserName;
    }
    private JPasswordField getJTextFieldRegPassword() {
        if (jTextFieldRegPassword == null) {
            jTextFieldRegPassword = new JPasswordField();
            jTextFieldRegPassword.setBounds(new Rectangle(110, 97, 258, 41));
        }
        return jTextFieldRegPassword;
    }
    private JPasswordField getJTextFieldRegRepassword() {
        if (jTextFieldRegRepassword == null) {
            jTextFieldRegRepassword = new JPasswordField();
            jTextFieldRegRepassword.setBounds(new Rectangle(111, 165, 258, 41));
        }
        return jTextFieldRegRepassword;
    }
    private JButton getJButtonReg() {
        if (jButtonReg == null) {
            jButtonReg = new JButton();
            jButtonReg.setBounds(new Rectangle(146, 221, 131, 49));
            jButtonReg.setText("注册");
            jButtonReg.addActionListener(new java.awt.event.ActionListener() {
                public void actionPerformed(java.awt.event.ActionEvent e) {
                    doReg();
                }
            });
        }
        return jButtonReg;
    }
    private JButton getJButtonLogin() {
        if (jButtonLogin == null) {
```

```java
        jButtonLogin = new JButton();
        jButtonLogin.setBounds(new Rectangle(289, 266, 88, 28));
        jButtonLogin.setText("去登录");
        jButtonLogin.addActionListener(new java.awt.event.ActionListener() {
            public void actionPerformed(java.awt.event.ActionEvent e) {
                // 如果点击了去登录按钮
                // 关闭注册框
                closeFrame();
                // 打开登录框
                new Login();
            }
        });
    }
    return jButtonLogin;
}
// 注册方法
private void doReg() {
    new Thread(new Runnable() {
        public void run() {
            try {
                if (jTextFieldRegUserName.getText() != null
                        && !jTextFieldRegUserName.getText().equals("")
                        && jTextFieldRegPassword.getText() != null
                        && !jTextFieldRegPassword.getText().equals("")
                        && jTextFieldRegRepassword.getText() != null
                        && !jTextFieldRegRepassword.getText().equals("")) {
                    if (!jTextFieldRegRepassword.getText().equals(
                            jTextFieldRegPassword.getText())) {
                        alert.showAlert("两次密码输入不一致");
                    } else {
                        User_Admin newUser = new User_Admin();
                        newUser.setUserName(jTextFieldRegUserName.getText());
                        newUser.setUserPWD(jTextFieldRegPassword.getText());
                        newUser.setUserORG("UICC");
                        newUser.setAdmin(false);
```

```
                    usersAct usersact = new usersAct();
                    usersact.adminRegist(newUser);
                        alert.showAlert("<html><center>注册成功！欢迎您"
                                + newUser.getUserName()
                                + "</center></html>");
                            }
                        } else {
                        alert.showAlert("用户名或密码为空");
                        }
                    } catch (Exception e) {
                        // TODO: handle exception
                    }
                }
            }).start();
        }
    }
```

3) 图书馆管理主界面

图 8.18　图书馆管理主界面

```
public class Library_MainUI {
    private JFrame jFrame = null;    private JPanel jContentPane = null;
    // 第一排
    private JButton jButtonBookOut = null;
    private JButton jButtonBookIn = null;
    private JButton jButtonNewBook = null;
```

```java
        // 第二排
        private JButton jButtonNewStu = null;
        private JButton jButtonNotInBook = null; // 未还图书查询
        private Alert alert = null;
        public Library_MainUI() {
            this.getJFrame().setVisible(true);
            alert = new Alert();
        }
        public void closeFrame() {
            this.jFrame.dispose();
        }
        private JFrame getJFrame() {
            if (jFrame == null) {
                jFrame = new JFrame();
                jFrame.setSize(new Dimension(400, 300));
                jFrame.setTitle("图书馆应用");
                jFrame.setResizable(false);
                jFrame.setContentPane(getJContentPane());
                jFrame.addWindowListener(new java.awt.event.WindowAdapter() {
                    public void windowClosing(java.awt.event.WindowEvent e) {
                        System.exit(0);
                    }
                });
            }
            return jFrame;
        }
        private JPanel getJContentPane() {
            if (jContentPane == null) {
                jContentPane = new JPanel();
                jContentPane.setLayout(null);
                // 第一行
                jContentPane.add(getjButtonBookOut(), null);
                jContentPane.add(getjButtonBookIn(), null);
                jContentPane.add(getjButtonNewBook(), null);
                // 第二行
                jContentPane.add(getjButtonNewStu(), null);
                jContentPane.add(getjButtonNotInBook(), null);
```

```
        }
        return jContentPane;
    }
    private JButton getjButtonBookOut() {
        if (jButtonBookOut == null) {
            jButtonBookOut = new JButton();
            jButtonBookOut.setBounds(new Rectangle(25, 25, 100, 50));
            jButtonBookOut.setText("借出");
            jButtonBookOut.addActionListener(new java.awt.event.ActionListener() {
                public void actionPerformed(java.awt.event.ActionEvent e) {
                    // 当点击了借出图书按钮时，调用借书方法
                    new Book_bookOut();
                }
            });
        }
        return jButtonBookOut;
    }
    private JButton getjButtonBookIn() {
        if (jButtonBookIn == null) {
            jButtonBookIn = new JButton();
            jButtonBookIn.setBounds(new Rectangle(150, 25, 100, 50));
            jButtonBookIn.setText("归还");
            jButtonBookIn.addActionListener(new java.awt.event.ActionListener() {
                public void actionPerformed(java.awt.event.ActionEvent e) {
                    // 当点击了归还图书按钮时，调用归还方法
                    new Book_bookIn();
                }
            });
        }
        return jButtonBookIn;
    }
    private JButton getjButtonNewBook() {
        if (jButtonNewBook == null) {
            jButtonNewBook = new JButton();
            jButtonNewBook.setBounds(new Rectangle(275, 25, 100, 50));
            jButtonNewBook.setText("新书录入");
            jButtonNewBook.addActionListener(new java.awt.event.ActionListener()
```

```java
                    public void actionPerformed(java.awt.event.ActionEvent e) {
                        // 当点击了新建图书按钮时,调用新建方法
                        new Book_newBookIn();
                    }
                });
            }
            return jButtonNewBook;
        }
        private JButton getjButtonNewStu() {
            if (jButtonNewStu == null) {
                jButtonNewStu = new JButton();
                jButtonNewStu.setBounds(new Rectangle(25, 125, 100, 50));
                jButtonNewStu.setText("学生管理");
                jButtonNewStu.addActionListener(new java.awt.event.ActionListener() {
                    public void actionPerformed(java.awt.event.ActionEvent e) {
                        new Stu_Register();
                    }
                });
            }
            return jButtonNewStu;
        }
        private JButton getjButtonNotInBook() {
            if (jButtonNotInBook == null) {
                jButtonNotInBook = new JButton();
                jButtonNotInBook.setBounds(new Rectangle(150, 125, 100, 50));
                jButtonNotInBook.setText("未还图书");
                jButtonNotInBook.addActionListener(new java.awt.event.ActionListener() {
                    public void actionPerformed(java.awt.event.ActionEvent e) {
                        new Book_notBackBook();
                    }
                });
            }
            return jButtonNotInBook;
        }
```

4) 学生管理界面

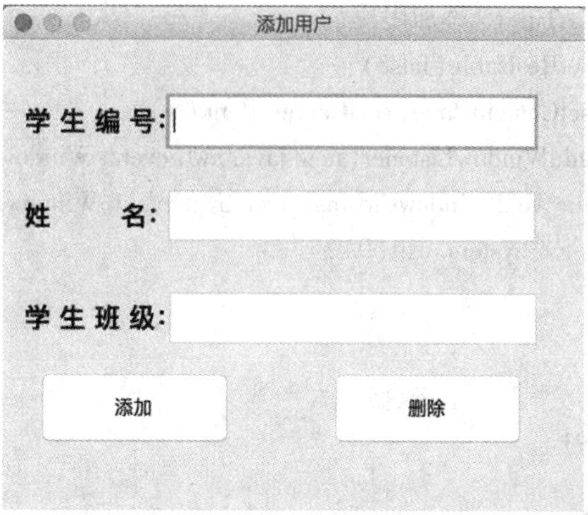

图 8.19 学生管理界面

```java
public class Stu_Register {
    private JFrame jFrame = null;  //@jve:decl-index=0:visual-constraint="241,22"
    private JPanel jContentPane = null;
    private JLabel jLabelRegStuID = null;
    private JLabel jLabelRegStuName = null;
    private JLabel jLabelRegStuClass = null;
    private JTextField jTextFieldRegStuID = null;
    private JTextField jTextFieldRegStuName = null;
    private JTextField jTextFieldRegStuClass = null;
    private JButton jButtonAdd = null;
    private JButton jButtonRemove = null;
    private Alert alert;
    public Stu_Register() {
        this.getJFrame().setVisible(true);
        alert = new Alert();
    }
    public void closeFrame() {
        this.jFrame.dispose();
    }
    private JFrame getJFrame() {
        if (jFrame == null) {
```

```java
            jFrame = new JFrame();
            jFrame.setSize(new Dimension(398, 337));
            jFrame.setTitle("添加用户");
            jFrame.setResizable(false);
            jFrame.setContentPane(getJContentPane());
            jFrame.addWindowListener(new java.awt.event.WindowAdapter() {
                public void windowClosing(java.awt.event.WindowEvent e) {
                    // System.exit(0);
                }
            });
        }
        return jFrame;
    }
    private JPanel getJContentPane() {
        if (jContentPane == null) {
            jLabelRegStuID = new JLabel();
            jLabelRegStuID.setBounds(new Rectangle(15, 31, 357, 47));
            jLabelRegStuID.setFont(new Font("Dialog", Font.BOLD, 18));
            jLabelRegStuID.setText("学 生 编 号:");
            jLabelRegStuName = new JLabel();
            jLabelRegStuName.setBounds(new Rectangle(15, 94, 357, 47));
            jLabelRegStuName.setFont(new Font("Dialog", Font.BOLD, 18));
            jLabelRegStuName.setText("姓         名:");
            jLabelRegStuClass = new JLabel();
            jLabelRegStuClass.setBounds(new Rectangle(15, 162, 357, 47));
            jLabelRegStuClass.setFont(new Font("Dialog", Font.BOLD, 18));
            jLabelRegStuClass.setText("学 生 班 级:");
            jContentPane = new JPanel();
            jContentPane.setLayout(null);
            jContentPane.add(jLabelRegStuID, null);
            jContentPane.add(jLabelRegStuName, null);
            jContentPane.add(jLabelRegStuClass, null);
            jContentPane.add(getJTextFieldRegStuID(), null);
            jContentPane.add(getJTextFieldRegStuName(), null);
            jContentPane.add(getJTextFieldRegStuClass(), null);
            jContentPane.add(getJButtonAdd(), null);
            jContentPane.add(getJButtonRemove(), null);
        }
```

```java
        return jContentPane;
    }
    private JTextField getJTextFieldRegStuID() {
        if (jTextFieldRegStuID == null) {
            jTextFieldRegStuID = new JTextField();
            jTextFieldRegStuID.setBounds(new Rectangle(110, 34, 258, 41));
            // 检查学生编号要是已存在,则不能添加,可以删除
            jTextFieldRegStuID.addKeyListener(new KeyListener() {
                @Override
                public void keyTyped(KeyEvent e) {}
                @Override
                public void keyReleased(KeyEvent e) {}
                @Override
                public void keyPressed(KeyEvent e) {
                    if (e.getKeyCode() == java.awt.event.KeyEvent.VK_ENTER) {
                        // 当在用户名编号框中按回车时,调用用户信息获取方法
                        checkStuExist();
                    }
                }
            });
        }
        return jTextFieldRegStuID;
    }
    private JTextField getJTextFieldRegStuName() {
        if (jTextFieldRegStuName == null) {
            jTextFieldRegStuName = new JTextField();
            jTextFieldRegStuName.setBounds(new Rectangle(110, 97, 258, 41));
            jTextFieldRegStuName.setEditable(false);
        }
        return jTextFieldRegStuName;
    }
    private JTextField getJTextFieldRegStuClass() {
        if (jTextFieldRegStuClass == null) {
            jTextFieldRegStuClass = new JTextField();
            jTextFieldRegStuClass.setBounds(new Rectangle(111, 165, 258, 41));
            jTextFieldRegStuClass.setEditable(false);
        }
        return jTextFieldRegStuClass;
```

```java
        }
        private JButton getJButtonAdd() {
            if (jButtonAdd == null) {
                jButtonAdd = new JButton();
                jButtonAdd.setBounds(new Rectangle(25, 221, 131, 50));
                jButtonAdd.setText("添加");
                jButtonAdd.addActionListener(new java.awt.event.ActionListener() {
                    public void actionPerformed(java.awt.event.ActionEvent e) {
                        doAddStu();
                    }
                });
            }
            return jButtonAdd;
        }
        private JButton getJButtonRemove() {
            if (jButtonRemove == null) {
                jButtonRemove = new JButton();
                jButtonRemove.setBounds(new Rectangle(225, 221, 131, 50));
                jButtonRemove.setText("删除");
                jButtonRemove.addActionListener(new java.awt.event.ActionListener() {
                    public void actionPerformed(java.awt.event.ActionEvent e) {
                        doRemoveStu();
                    }
                });
            }
            return jButtonRemove;
        }
        // 添加学生方法
        private void doAddStu() {
            new Thread(new Runnable() {
                public void run() {
                    try {
                        if (!jTextFieldRegStuID.getText().equals("") && !jTextFieldRegStuName.equals("") && !jTextFieldRegStuClass.equals("")) {
                            User_Student newStudent = new User_Student();
                            newStudent.setStuID(jTextFieldRegStuID.getText());
                            newStudent.setStuName(jTextFieldRegStuName.getText());
                            newStudent.setStuClass(jTextFieldRegStuClass.getText());
```

```java
                    usersAct usersact = new usersAct();
                    usersact.stuAdd(newStudent);
                    alert.showAlert("添加学生: " +
                newStudent.getStuName() + "成功!");
                    // 关闭注册框
                    closeFrame();
                } else {
                    alert.showAlert("请完整填写信息!");
                }
            } catch (Exception e) {
                // TODO: handle exception
            }
        }
    }).start();
}

// 删除学生方法
private void doRemoveStu() {
    new Thread(new Runnable() {
        @Override
        public void run() {
            User_Student oldStudent = new User_Student();
            oldStudent.setStuID(jTextFieldRegStuID.getText());
            oldStudent.setStuName(jTextFieldRegStuName.getText());
            usersAct usersact = new usersAct();
            usersact.stuDelete(oldStudent);
            alert.showAlert("删除学生: " + oldStudent.getStuName()
                    + "成功!");    // 关闭注册框
            closeFrame();
        }
    }).start();
}

// 检查学号是否存在
private void checkStuExist() {
    new Thread(new Runnable() {
        @Override
        public void run() {
            try {
                if (!jTextFieldRegStuID.equals("")) {
                    jTextFieldRegStuName.setText("");
```

```
                    jTextFieldRegStuClass.setText("");
                    usersAct newUserAct = new usersAct();  // 无此用户
                    if(newUserAct.findUserNameByID
(jTextFieldRegStuID.getText()).equals("查无此用户，请检查用户编号!")){
                        jButtonRemove.setEnabled(false);
                        jButtonAdd.setEnabled(true);
                        jTextFieldRegStuName.setEditable(true);
                        jTextFieldRegStuClass.setEditable(true);
                    }else{
                        // 有此用户
                        jTextFieldRegStuName.setText(newUserAct.findUserNameByID
(jTextFieldRegStuID.getText()));
                        jButtonAdd.setEnabled(false);
                        jButtonRemove.setEnabled(true);
                        jTextFieldRegStuName.setEditable(false);
                        jTextFieldRegStuClass.setEditable(false);
                    }
                }
            }catch(Exception e){}
        }
    }).start();
}
```

5) 未归还图书查询

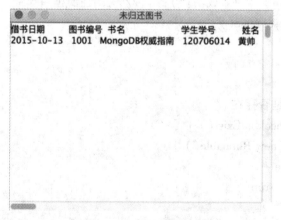

图 8.20　未归还图书查询

```java
public class Book_notBackBook {
    private JFrame jFrame = null;  //  @jve：decl-index=0：visual-constraint="241, 22"
    private JScrollPane jContentPane = null;
    private JTextArea textArea = null;
    Alert alert = null;
    public Book_notBackBook() {
        this.getJFrame().setVisible(true);
        getNotBackBookInfo();
        alert = new Alert();
    }
    private JFrame getJFrame() {
        if (jFrame == null) {
            jFrame = new JFrame();
            jFrame.setSize(new Dimension(400, 300));
            jFrame.setTitle("未归还图书");
            jFrame.setResizable(false);
            jFrame.setContentPane(getJContentPane());
            jFrame.addWindowListener(new java.awt.event.WindowAdapter() {
                public void windowClosing(java.awt.event.WindowEvent e) {
                    // System.exit(0);
                }
            });
        }
        return jFrame;
    }
    private JScrollPane getJContentPane() {
        if (jContentPane == null) {
            textArea = new JTextArea(400, 300);
            jContentPane = new JScrollPane(textArea);
        }
        return jContentPane;
    }
    private void getNotBackBookInfo() {
        new Thread(new Runnable() {
            @Override
            public void run() {
                bookAct act = new bookAct();
```

```java
                ArrayList<Document> list = act.getNotBackBook();
                textArea.append("借书日期        图书编号   书名     学生学号    姓名\n");
                for (int i = 0; i < list.size(); i++) {
                    String one = list.get(i).getString("actDate") + "    "
                            + list.get(i).getString("bookID") + "    "
                            + list.get(i).getString("bookName") + "    "
                            + list.get(i).getString("stuID") + "    "
                            + list.get(i).getString("stuName") + "\n";
                    textArea.append(one);
                }
            }
        }).start();
    }
}
```

9 实战图书馆管理——Web 开发

在开发图书馆管理程序 Web 端时，考虑到与桌面版的统一性，此处也是 Java 开发，其中界面部分采用 Jsp 开发。

9.1 项目需求

用 Java 开发一个图书馆桌面管理应用程序。该客户端具有以下功能：

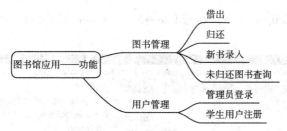

图 9.1 图书馆客户端功能

9.2 系统设计

9.2.1 应用结构设计

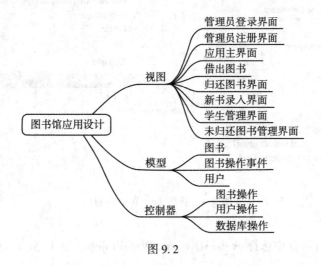

图 9.2

9.2.2 数据库——表设计

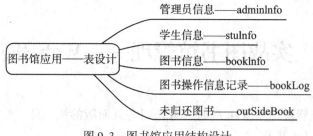

图 9.3　图书馆应用结构设计

9.3　系统开发

9.3.1　新建 java-web 项目

1）打开桌面的 Eclipse 应用，点击 File→New→Other，如图 9.4 所示

图 9.4　新建 Java-Web 项目

2）在弹出的对话框中选择 Web→Dynamic Web Project，点击 Next，如图 9.5 所示

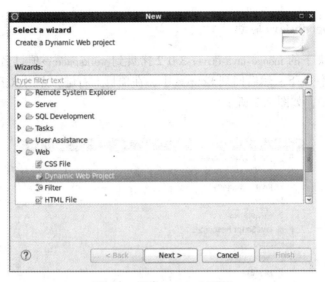

图 9.5 新建 Java-Web 项目

3) 在弹出的对话框中输入项目名称，然后点击 Finish 完成项目创建，如图 9.6 所示

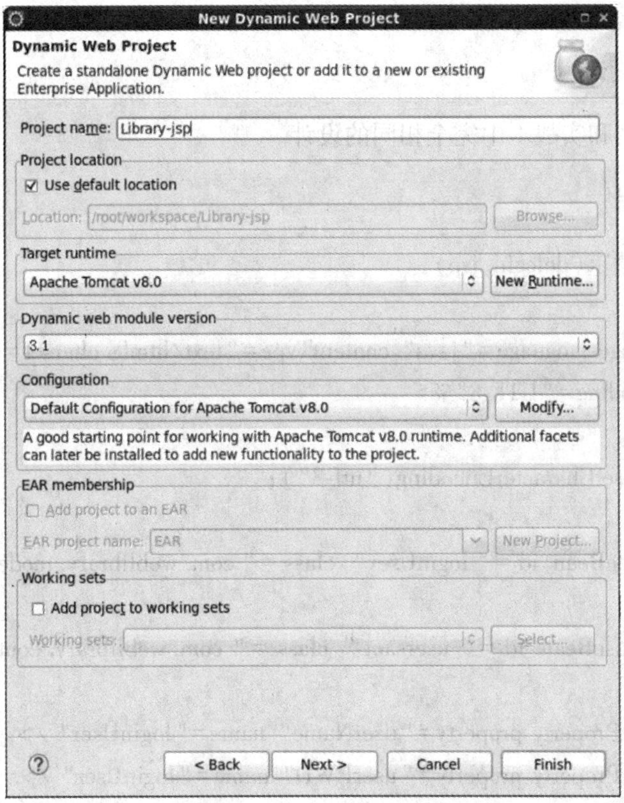

图 9.6 新建 Java-Web 项目

9.3.2 导入 mongodb-java 驱动

将 root 文件夹下的 mongo-java-driver-3.0.2 拷贝到 workspace→项目名称→WebContent→WEB INF→lib 文件夹下，然后回到 Eclipse 中，在项目上右键，点击 Refresh。这样驱动就已经导入到项目中，如图 9.7 所示。

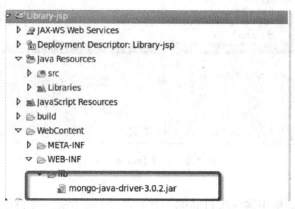

图 9.7　导入 mongo 驱动

9.3.3 数据模型设计

数据模型采用和实战 1 中完全相同的设计。

9.3.4 控制器设计

1) 处理登录请求(dologin.jsp)

```
<%@ page language="java" contentType="text/html; charset=UTF-8"
pageEncoding="UTF-8"%>
<%
 request.setCharacterEncoding("utf-8");
%>
<jsp: useBean id="loginUser" class="com.weblibrary.model.User_Admin" scope="page"/>
    <jsp: useBean id="usersact" class="com.weblibrary.controller.usersAct" scope="page"/>
<jsp: setProperty property="userName" name="loginUser"/>
<jsp: setProperty property="userPWD" name="loginUser"/>
<%
    String path = request.getContextPath();
```

```jsp
        String basePath = request.getScheme() + "://"
            + request.getServerName() + ":" + request.getServerPort()
            + path + "/";
        request.setCharacterEncoding("utf-8");  //防止中文乱码
        loginUser.setUserORG("UICC");
        loginUser.setAdmin(false);
        //如果用户和密码都等于admin,则登录成功
        if(usersact.adminLogin(loginUser)){
          session.setAttribute("loginUser", loginUser.getUserName());
            request.getRequestDispatcher("mainUI.jsp").forward(request, response);
          } else {
            response.sendRedirect("login_failure.jsp");    }
%>
```

2)处理借书请求(do_bookOut.jsp)

```jsp
        <%@ page language="java" contentType="text/html; charset=UTF-8"    pageEncoding="UTF-8"%>
        <%@ page import="java.text.SimpleDateFormat"%>
        <%@ page import="java.util.Date"%>
        <%
         request.setCharacterEncoding("utf-8");
        %>
          <jsp:useBean id="outlogBook" class="com.weblibrary.model.logBook" scope="page" />
          <jsp:useBean id="bookOutAct" class="com.weblibrary.controller.bookAct" scope="page" />
        <jsp:setProperty property="bookID" name="outlogBook" />
        <jsp:setProperty property="bookName" name="outlogBook" />
        <jsp:setProperty property="stuID" name="outlogBook" />
        <jsp:setProperty property="stuName" name="outlogBook" />
        <%
        String path = request.getContextPath();
        String basePath = request.getScheme() + "://"
            + request.getServerName() + ":" + request.getServerPort()
            + path + "/";
        request.setCharacterEncoding("utf-8");  //防止中文乱码
        SimpleDateFormat dateFormater = new SimpleDateFormat("yyyy-MM-dd");
        Date date = new Date();
```

outlogBook.setActDate(dateFormater.format(date));
outlogBook.setActMode("OUT"); bookOutAct.bookIn(outlogBook);
response.sendRedirect("../mainUI.jsp");%>

3) 处理新书录入请求(do_newbookIn.jsp)

```
<%@ page language="java" contentType="text/html; charset=UTF-8" pageEncoding="UTF-8"%>
<%
 request.setCharacterEncoding("utf-8");
%>
<jsp:useBean id="newBook" class="com.weblibrary.model.book" scope="page" />
<jsp:useBean id="newbookAct" class="com.weblibrary.controller.bookAct" scope="page" />
<jsp:setProperty property="bookName" name="newBook" />
<jsp:setProperty property="bookID" name="newBook" />
<jsp:setProperty property="bookSummary" name="newBook" />
<%
 String path = request.getContextPath();
 String basePath = request.getScheme() + "://"
     + request.getServerName() + ":" + request.getServerPort()
     + path + "/";
 request.setCharacterEncoding("utf-8"); //防止中文乱码
 newbookAct.newBookIn(newBook);
 response.sendRedirect("../mainUI.jsp");%>
```

9.3.5 界面设计

1) 登录界面

图9.8 登录界面设计

```html
<html>
<head>
<meta http-equiv="Content-Type" content="text/html; charset=UTF-8">
<title>图书馆应用</title>
</head>
<body>
    <div id="container">
        <div id="box">
        <center>
            <form action="dologin.jsp" method="post">
                <p class="main">
                    <label>用户名：</label>
                    <input name="userName" value=""/>
                    <label>密码：</label>
                    <input type="password" name="userPWD" value="">
                </p>
                <p class="space">
                    <input type="submit" value="登录" class="login" style="cursor: pointer;"/>
                </p>
            </form>
        </center>
        </div>
    </div>
</body>
</html>
```

2）图书馆管理主界面

图 9.9　图书馆管理界面

```html
<html>
<head>
<meta http-equiv="Content-Type" content="text/html;charset=UTF-8"><title>图书馆应用</title>
</head>
<body>
 <button id="directNextpage1"
   onclick="window.location='Book_bookOut.jsp'">借出</button>
 <button id="directNextpage2"
   onclick="window.location='Book_bookIn.jsp'">归还</button>
 <button id="directNextpage3"
   onclick="window.location='Book_newBookIn.jsp'">新书录入</button>
 <button id="directNextpage4"
   onclick="window.location='Stu_Register.jsp'">学生管理</button>
 <button id="directNextpage5"
   onclick="window.location='Book_notBackBook.jsp'">未还图书</button>
</body>
</html>
```

3) 图书借出界面

图9.10 图书借出界面

```jsp
<%@ page language="java" contentType="text/html;charset=UTF-8" pageEncoding="UTF-8"%>
<!DOCTYPE html PUBLIC "-//W3C//DTD HTML 4.01 Transitional//EN"
 "http://www.w3.org/TR/html4/loose.dtd">
<html>
<head>
<meta http-equiv="Content-Type" content="text/html;charset=UTF-8">
<title>图书借出</title>
```

```
        </head>
        <body>
         <div id="container">
           <div id="box">
           <center>
              <form action="dojspRequest/do_bookOut.jsp" method="post">
                <p class="main">
                    <label>图书编号:</label>
                    <input name="bookID" value=""/><br/>
                    <label>书  名:</label>
                    <input name="bookName" value=""/><br/>
                    <label>用户编号:</label>
                    <input name="stuID" value=""/><br/>
                    <label>用  户:</label>
                    <input name="stuName" value=""/><br/>
                </p>
                <p class="space">
                    <input type="submit" value="借出" class="login" style="cursor:
pointer;"/>
                </p>
              </form>
           </center>
          </div>
         </div>
        </body>
      </html>
```

4) 新书录入界面

图 9.11　新书录入界面

```jsp
<%@ page language="java" contentType="text/html; charset=UTF-8" pageEncoding="UTF-8"%>
<!DOCTYPE html PUBLIC "-//W3C//DTD HTML 4.01 Transitional//EN" "http://www.w3.org/TR/html4/loose.dtd">
<html>
<head>
<meta http-equiv="Content-Type" content="text/html; charset=UTF-8">
<title>新书录入</title>
</head>
<body>
  <div id="container">
    <div id="box">
    <center>
      <form action="dojspRequest/do_newbookIn.jsp" method="post">
        <p class="main">
        <label>书    名：</label>
        <input name="bookName" value=""/><br/>
        <label>编    号：</label>
        <input name="bookID" value=""/><br/>
        <label>类    别：</label>
        <input name="bookSummary" value=""/><br/>
        </p>
        <p class="space">
          <input type="submit" value="添加" class="login" style="cursor:pointer;"/>
        </p>
      </form>
    </center>
    </div>
  </div>
</body>
</html>
```

5) 未归还图书管理界面

```jsp
<%@ page language="java" contentType="text/html; charset=UTF-8"
    pageEncoding="UTF-8"%>
<%@ page import="java.util.ArrayList"%>
```

图 9.12　未归还图书管理界面

```
<%@ page import="org.bson.Document"%>
<!DOCTYPE html PUBLIC "-//W3C//DTD HTML 4.01
Transitional//EN"
"http://www.w3.org/TR/html4/loose.dtd">
    <jsp:useBean id="act" class="com.weblibrary.controller.bookAct"
    scope="page" />
<html>
<head>
<meta http-equiv="Content-Type" content="text/html; charset=UTF-8"><title>未还图书</title>
</head>
<body>
<%
    out.println("借书日期    图书编号     书名     学生学号     姓名<br/>");
    ArrayList<Document> list = act.getNotBackBook();
    for(int i = 0; i < list.size(); i++){
  String one = list.get(i).getString("actDate")+" "
  + list.get(i).getString("bookID")+" "
  + list.get(i).getString("bookName")+" "
  + list.get(i).getString("stuID")+" "
  + list.get(i).getString("stuName") + " \n";
        out.println(one);
    }
%>
</body>
</html>
```

参 考 文 献

[1] 金鑫. 非结构化数据查询处理与优化[D]. 浙江大学, 2015.

[2] Boicea A, Radulescu F, Agapin L I. MongoDB vs Oracle—Database Comparison[C]// International Conference on Emerging Intelligent Data & Web Technologies. IEEE, 2012: 330-335.

[3] Kristina Cbodorow. MongoDB 权威指南[M]. 北京: 人民邮电出版社, 2014.

[4] Plugge E, Hawkins T, Membrey P. The definitive guide to MongoDB: the NoSQL database for cloud and desktop computing[J]. Springer Ebooks, 2010.

[5] 鲍亮, 李倩. 实战大数据[M]. 北京: 清华大学出版社, 2014.

[6] 曹强. 海量数据组织中的索引机制研究与实现[D]. 华中科技大学, 2008.

[7] 张淑珍. 分布式数据库中垂直分片算法研究[D]. 西安工程大学, 2007.

[8] Thusoo A, Sarma J S, Jain N, et al. Hive: a warehousing solution over a map-reduce framework[J]. Proceedings of the Vldb Endowment, 2009, 2(2): 1626-1629.

[9] 郭匡宇. 基于 MongoDB 的传感器数据分布式存储的研究与应用[D]. 南京邮电大学, 2013.

[10] 蔡柳青. 基于 MongoDB 的云监控设计与应用[D]. 北京交通大学, 2011.

[11] Abadi D J, Boncz P A, Harizopoulos S. Column oriented Database Systems[J]. Proceedings of the Vldb Endowment, 2009, 2(2): 1664-1665.

[12] Tudorica B G, Bucur C. A comparison between several NoSQL databases with comments and notes[C]// Roedunet International Conference. 2011: 1-5.

[13] Cattell, Rick. Scalable SQL and NoSQL data stores[J]. Acm Sigmod Record, 2010, 39(4): 12-27.

[14] 刘一梦. 基于 MongoDB 的云数据管理技术的研究与应用[D]. 北京交通大学, 2012.

[15] Ozsu M T, Valduriez P. Principles of distributed database systems[M]. Springer Science & Business Media, 2002.